LA
PRIME D'HONNEUR
DE SAONE-ET-LOIRE
EN 1866

PAR

M. PIERRE TOCHON

Ancien Élève de Grignon

RAPPORTEUR DU JURY

EXPOSÉ LU EN SÉANCE PUBLIQUE
LE 6 MAI 1866

CHAMBÉRY

ALBERT BOTTERO, IMPRIMEUR DE LA PRÉFECTURE

— 1866 —

LA
PRIME D'HONNEUR
DE SAONE-ET-LOIRE
EN 1866

PAR

M. PIERRE TOCHON

Ancien Élève de Grignon

RAPPORTEUR DU JURY

EXPOSÉ LU EN SÉANCE PUBLIQUE
LE 6 MAI 1866

CHAMBÉRY

ALBERT BOTTERO, IMPRIMEUR DE LA PRÉFECTURE

— 1866 —

MEMBRES DU JURY

MM. Cazeaux, ✳, inspecteur général, *et successivement*

Zielmsky, adjoint à l'inspection générale, directeur de la vacherie impériale de Corbon, *président;*

Comte De Bouillé, ✳, propriétaire-agriculteur à Villars, lauréat de la prime d'honneur de la Nièvre;

Chautemps, propriétaire-agriculteur à Valery, lauréat de la prime d'honneur de la Haute-Savoie, en 1865;

Fleury-Lacoste, président de la Société centrale d'agriculture, à Cruet (Savoie);

Michon, président de la Société d'agriculture de Dôle (Jura);

Marquis De Mongond, propriétaire-agriculteur au château de Montagne (Puy-de-Dôme);

Rejaunier, propriétaire-agriculteur à Cublize, lauréat de la prime d'honneur du Rhône, en 1860;

Roe, propriétaire-agriculteur à Roanne (Loire);

Rodet, ✳, propriétaire et juge de paix à Bourg (Ain);

Servan, propriétaire-agriculteur à la Roche-de-Glune (Drôme);

Tochon, ancien élève de Grignon, propriétaire-agriculteur à la Motte-Servolex (Savoie), *rapporteur.*

L A

PRIME D'HONNEUR

DE SAONE-ET-LOIRE

EN 1866

Messieurs,

Il est d'usage que le rapporteur du Jury de la prime d'honneur jette un coup d'œil d'ensemble sur la culture du département où se tient le concours.

Appelé par la bienveillance de mes collègues à l'honneur de remplir cette tâche, je sens combien cette charge délicate est au-dessus de mes forces; aussi je viens, avant tout, me recommander à votre obligeante indulgence.

Il ne s'agit pas en effet aujourd'hui de parler d'un de ces départements à sol, à climat, à culture uniforme, où les mêmes faits agricoles se produisent dans les mêmes conditions, où la population entièrement livrée à la culture suit avec plus ou moins de persévérance des usages que leur ont légués leurs pères, auxquels se mêlent accidentellement quelques unes des améliorations préconisées par la science et qu'appliquent avec succès les hommes de progrès.

Dans Saône-et-Loire cette uniformité disparaît, et c'est à peine si on la rencontre dans ses cinq arrondissements. Tout contribue à cet état de choses, le climat subit les variations que lui imposent la direction de ses vallées, ses immenses surfaces boisées, la proximité des montagnes et surtout une différence de niveau considérable; car, tandis qu'à Mâcon le niveau de la Saône se trouve à 170 mètres au-dessus de l'Océan, le Mont-Cenis élève sa tête montagneuse à 1389 mètres.

Sur cette échelle de 1200 mètres viennent se grouper les produits les plus variés : ainsi la vigne, avec ses précieuses récoltes, occupe 35,000 hectares de surface dans les arrondissements de Châlons et de Mâcon ; elle ne croit plus qu'exceptionnellement dans ceux de Charolles et d'Autun, pour disparaître entièrement dans le Lohannais.

Les autres produits du sol, à l'exception du maïs, qui demande pour mûrir le climat où prospère la vigne, des terrains frais et surtout des alluvions récentes, les autres produits, disons-nous, se cultivent avec plus ou moins de succès sur toute l'étendue du département.

La constitution géologique de Saône-et-Loire vient à son tour peser de sa puissante influence sur les productions de la terre ; à l'ouest dominent des terrains de formation plutonique, à l'est ceux de formation neptunienne, composés de terrains primitifs, de schistes bitumineux, de riches terrains carbonifères, de grès rouges, de terrains jurassiques, de terrains d'alluvion et ceux de plus récente formation.

Le calcaire, dit madame Romieu, prédomine dans les arrondissements de Châlons et de Mâcon et se trouve en assez grande proportion dans celui de Charolles ; l'argilo-siliceux l'emporte dans celui de Lohan, le granitique dans celui d'Autun ; dans celui de Charolles, ces trois sols sont répartis en proportion presque égale.

Une grande partie du département de Saône-et-Loire est, comme on le voit par cet exposé géologique, privée de l'élément calcaire, et tout le monde sait aujourd'hui que, sans son intervention dans la composition du sol, on ne peut produire les plantes de la famille des légumineuses, qui rendent de si puissants secours à l'agriculture ; sans calcaire point de trèfle, point de luzerne, de sainfoin, point de toutes ces plantes qui fournissent une nourriture aussi abondante que salutaire à nos troupeaux.

La chaux est sinon indispensable du moins d'un grand secours à la prospérité de toutes les plantes, il est donc utile d'en fournir aux sols qui en manquent.

La chaux caustique, spécialement employée dans le chaulage, peut sans inconvénient s'employer à forte dose dans les terres argileuses.

Dans les sols granitiques, il faut la répandre en petite quantité, elle est alors directement et rapidement absorbée par les plantes.

Notons en passant que les terrains granitiques contiennent beaucoup de potasse à l'état de silicate insoluble, la décomposition en a lieu sous l'influence des agents atmosphériques et produit des silicates, des carbonates de potasse neutre ou basique; ces terrains conviennent surtout aux prairies gazonnées de graminées.

L'agriculture est trop intimement liée aux industries qui s'élèvent autour d'elle pour ne pas rappeler ici les richesses minérales de quelques parties du département et surtout de l'Autunois où se trouvent simultanément des mines de fer, de houille et de schistes bitumineux exploitées avec le plus grand succès : elles alimentent de nombreuses usines, qui produisent des huiles, des fontes, du fer à tous les états. Pour donner une idée de leur importance, il suffit de citer le Creuzot, ce joyau métallurgique de la France et de l'Europe, qui occupe en permanence plus de 15,000 ouvriers.

Parmi les industries qui intéressent plus spécialement l'agriculture viennent se placer les carrières de pierre à chaux, exploitées par 454 fours; 29 carrières à plâtre; 350 fabriques de tuiles, briques et tuyaux de drainage; enfin trois sucreries achetant annuellement 534,000 quintaux de betteraves.

Cette énumération succincte des forces industrielles du département devrait faire craindre l'absorption des bras disponibles pour l'agriculture et l'élévation des salaires.

Il n'en est rien cependant, ou du moins le prix de la main-d'œuvre, qui s'est élevé partout, surtout dans les pays viticoles, n'a pas dépassé les limites de ce qui a lieu ailleurs. On en trouve la cause d'abord dans l'élément étranger qui vient apporter son contingent à l'industrie, ensuite dans le système de vigneronnage adopté presque exclusivement pour la culture de la vigne, puis dans la division de la terre en fermes qui ne dépassent pas la limite de la petite et moyenne culture, et qui, suivant surtout un système de culture extensive, ne réclament pas pour leurs travaux un contingent bien considérable de bras étrangers. Enfin et surtout il faut en chercher la cause dans la création de vastes prairies, de vastes pâturages qui, réunis aux bois et forêts, forment la moitié de la surface du département et ne réclament qu'accidentellement les bras de l'homme.

Malgré l'importance des établissements industriels que l'on rencontre, surtout dans l'Autunois, Saône-et-Loire est avant tout un département agricole; en l'étudiant sous ce point de vue, on reconnaît bien vite l'étendue de ses richesses territoriales déjà mises en activité et celles plus considérables encore que lui promet l'avenir, en suivant la marche progressive dans laquelle son agriculture est résolûment entrée.

Analysons, puisque pressés par le temps qui nous est accordé dans cette solennité, il ne nous est pas permis de faire mieux ; analysons les chiffres que nous fournit la statistique locale, nous y trouvons des faits qui rendent assez bien compte de l'état cultural actuel du pays.

La propriété, nous l'avons dit, est assez divisée dans le département ; sur une surface de 856,410 hectares, habitée par une population de 582,137 hommes, 153,266 sont propriétaires.

La division de la richesse territoriale entre les mains du plus grand nombre est, quoi qu'en disent les économistes, un véritable bien. La propriété annoblit l'homme, augmente son indépendance, le rend soucieux de ses intérêts ; en un mot, c'est un bonheur qui attache au sol et pousse aux améliorations agricoles.

Cette surface de 856,410 hectares se divise à peu près en parties égales en terre montagneuse et terre de plaine : en entrant dans le décompte de ce chiffre, la surface utile, déduction faite des routes, des rocs, des cours d'eau, se réduit à 820,000 hectares.

Sur 350,000 hectares livrés annuellement à la culture, 2/7 sont semés de froment ; 2/7 en autres céréales : seigle, avoine, orge, sarrazin, etc. ; 2/7 restent en jachère morte, et 1/7 seulement produit des plantes sarclées : betteraves, pommes de terre, légumes, maïs, millet, colza, etc., etc.

On voit par ces chiffres qu'une large part du sol cultivé, soit 4/7 du tout, porte des récoltes épuisantes, et que sur les 3/7 restés disponibles un tiers seulement est consacré aux plantes améliorantes, tandis que la jachère occupe les deux autres tiers.

Constatons toutefois que la jachère n'a pas maintenu son empire d'une manière uniforme dans tout le département ; déjà les meilleurs cantons du Mâconnais et du Châlonnais l'ont vu entièrement disparaître ; le Charollais s'est à son tour mis à l'œuvre ; l'Autunois et le Lahonnais seuls la maintiennent assez uniformément dans leur assolement à deux mains.

Cet assolement biennal se prête cependant avec la plus grande facilité aux transformations de toute nature qu'on veut lui faire subir, et, selon qu'on a plus ou moins d'engrais disponible, on peut convertir presqu'à souhait la totalité ou seulement une partie de la jachère en plantes sarclées ou en trèfle, pour passer insensiblement au quadriennal ou au quinquennal.

Les animaux semblent oubliés dans l'assolement à deux mains, on croirait volontiers que c'est à regret que la terre leur fournit un léger contingent de racine; heureusement cet oubli est largement compensé dans la proportion des prairies naturelles et des pâturages; réunies aux 18,000 hectares de prairies artificielles, elles occupent une surface de plus de 200,000 hectares, soit le 1/4 de la surface totale du département.

C'est avec cette puissante ressource fourragère que Saône-et-Loire entretient dans de bonnes conditions une race de chevaux déjà remarquable, comprenant 25,000 têtes; qu'il nourrit dans ses gras pâturages du Charollais et du Brionnais, la belle race charollaise que l'Europe agricole nous envie, et qui ne compte pas moins de 280,000 sujets; c'est avec sa jachère, ses pâturages et ses bois qu'il entretient 260,000 moutons et 155,000 porcs. Ne sent-on pas un véritable orgueil à énumérer ces richesses agricoles versées à profusion sur une surface relativement restreinte?

Les bois et les forêts occupent une bonne part du département, on n'en compte pas moins de 166,000 hectares; leurs produits fournissent de précieuses ressources pour l'alimentation des hauts-fourneaux, l'échalassement des vignes, et comme bois de construction.

Depuis quelque temps on remarque une tendance au déboisement, les cultivateurs se prêtent volontiers à ce travail qui leur procure d'abondantes récoltes pendant quelques années.

Loin de nous la pensée de condamner d'une manière absolue cette transformation, cependant on observe qu'on n'en obtient pas toujours de bons résultats et que trop souvent on arrive à se repentir d'avoir converti en terre arable des fonds qui se prêtent difficilement à la culture.

Si nous sommes disposés à blâmer les déboisements intempestifs, nous louons sans réserve les reboisements qui s'opèrent sur les collines, sur les mamelons abandonnés qui montrent leurs crêtes, autrefois fécondes, à peine recouvertes d'un gazon de plantes adventices. La stérilité monotone qui attriste la vue changera bien vite d'aspect par le reboisement en même temps qu'il enrichira les planteurs.

La vigne est sans contredit la plus grande source de richesse agricole du département; elle s'étend aujourd'hui sur 40,000 hectares; son produit moyen de 1,200,000 hectolitres atteint toujours des prix élevés sur les marchés français et étrangers.

La vigne n'est pas une plante dont on varie à volonté la culture, sa longue durée est précédée d'un coûteux établissement, d'une jeunesse souvent difficile, et, lorsqu'on est arrivé à la mettre en état de produire, on la conserve aussi longtemps que possible.

La basse Bourgogne a maintenu ses vigneronnages sur les anciennes bases, c'est un métayage environné de conditions plus ou moins onéreuses, mais qui a toujours pour base le partage équitable des produits et des dépenses qui en sont la conséquence.

Les vigneronnages ont d'incontestables avantages, la main-d'œuvre est toujours auprès de la vigne qui la réclame, de même que l'engrais est produit sur place avec la plus stricte économie. Le maintien de ce système de culture explique le prix relativement modique de la main-d'œuvre dans un pays qui en réclamerait tant si on avait voulu sortir de la route tracée par nos devanciers.

Le pineau était, il y a un siècle, le cépage préféré des Bourguignons; ses modestes produits, de qualité exceptionnelle, atteignaient des prix élevés qui compensaient l'exiguité de la récolte. Aujourd'hui, le pineau est relégué dans les plus célèbres vignobles de la Côte-d'Or qui ont conservé des prix élevés, et le gamais qui faisait la fortune du Beaujolais a peu à peu pris sa place dans les vignobles de Saône-et-Loire. Sous le nom de bons plants, plants de la Dombe, plants bressans et de petit gamais, le gamais picard et le gamais nicolas se partagent, à peu d'exception près, les bons crûs du Mâconnais. Ce dernier, mieux connu, gagne de jour en jour plus de place dans le renouvellement partiel des vignes; en étudiant attentivement ce cépage, ses raisins et surtout ses produits plus corsés, plus coloriés et plus veloutés que ceux des autres gamais, on serait disposé à lui trouver un degré de parenté plus ou moins éloigné avec le pineau.

Il y a beaucoup à raconter et beaucoup à apprendre en suivant pas à pas les vignerons bourguignons dans la culture de la vigne, dans leur manière de traiter les vins; toutefois, nous ne croyons pas devoir aborder ici cette question, qui, du reste, a reçu un grand développement en parlant de MM. Desvignes, De La Loyère, Taperin et autres vignerons du plus grand mérite.

Mais ce que la Commission tient à constater, c'est que partout, chez le propriétaire comme chez le vigneron, le Jury a rencontré un esprit de progrès qui se traduit par un vif désir d'apprendre ce qu'on fait de mieux, le besoin de discuter, la chance de réussite des nouvelles pratiques et la volonté d'en essayer l'application.

Cet esprit de progrès que nous signalons dans la population viticole de Saône-et-Loire, est à peu près général dans le département : placé sur la grande ligne qui réunit l'Océan à la Méditerranée, pourvu de nombreux chemins de fer secondaires qui relient par des canaux, par des routes nombreuses les chefs-lieux, les cantons et les communes; l'instruction agricole, les instruments perfectionnés, les procédés nouveaux ont pénétré partout, et nulle part les sociétés d'agriculture ne sont aussi nombreuses, nulle part les comices ne réunissent autant d'adhérents, nulle part enfin les fermes écoles ne sont plus fréquentées et ne donnent de meilleurs sujets.

L'aperçu qui précède a déjà fait entrevoir que Saône-et-Loire, qui ne demande à ses voisins que de la paille, de l'engrais pour ses vignes, des amendements pour ses terres, livre aux départements de la Côte-d'Or, du Jura et du Rhône l'excédant de ses grains, qui atteint une moyenne de plus de 700,000 hectolitres; ses bestiaux d'élevage se répandent partout; ses animaux d'engrais sont recherchés sur tous les grands marchés de l'Empire.

Et tandis que les vins fins ornent à l'envi les tables des privilégiés de la fortune, ceux plus communs fournissent une boisson agréable et régénératrice aux hommes de travail de nos campagnes et de nos villes.

Comme on le voit, le vin, les grains et les bestiaux donnent la main à l'industrie dans un même département, pour y créer l'aisance et la richesse.

Pour compléter cet aperçu, il resterait à signaler les améliorations dont est susceptible la culture actuelle. Ce travail trouvera sa place dans l'exposé que nous allons tracer, du mérite des concurrents qui se sont présentés au concours.

Chacun de ces agriculteurs a réalisé sur divers points du département des améliorations sur lesquelles nous appelons votre attention.

En appréciant en juge impartial ce qu'ils ont fait de bien, nous indiquerons les points faibles de leurs exploitations, ce qu'ils auraient dû faire pour obtenir de meilleurs résultats, la route qui leur reste à parcourir pour atteindre le but de leurs efforts.

Il résultera de ces études partielles des candidats un enseignement pratique qui, nous l'espérons, ne sera pas perdu pour les amis de l'agriculture.

LES CONCURRENTS

A LA

PRIME D'HONNEUR

DE SAONE-ET-LOIRE

Sur les vingt-cinq concurrents qui se sont présentés pour se disputer la prime d'honneur dans le département de Saône-et-Loire, un s'est retiré en déclarant qu'il s'était mépris sur l'importance du concours; — un second avait inséré dans sa demande une condition suspensive; mis en demeure de la retirer, il l'a maintenue, et a, par ce fait, abandonné la lice; — M. Bouthier de Latour, directeur de la ferme-école du Montceaux, mû par des considérations qui l'honorent, a, au dernier moment, retiré sa candidature, laissant à ses concurrents, qui tous sont ses élèves, ses imitateurs ou ses amis, une chance de plus d'obtenir la prime d'honneur, qu'une vie tout entière consacrée à l'agriculture lui donnait le droit d'espérer.

Les concurrents restés en présence ont été visités avec le plus grand soin; les exploitations de ces vingt-deux propriétaires ou fermiers ont attiré d'une manière toute particulière l'attention de la Commission, et plusieurs ont été l'objet d'une seconde visite. Partout il y aurait eu un travail spécial à récompenser, un encouragement à donner.

C'est donc avec un véritable regret que, se renfermant dans les termes du programme ministériel, le Jury a dû restreindre les récompenses aux plus méritants.

Le nombre des concurrents et les proportions de ce rapport ne permettent pas même à votre Commission de signaler en détail ce qu'elle a trouvé de bien dans les domaines qu'elle a visités; pour beaucoup, elle a dû se limiter à une simple mention, et réserver de plus grands développements à ceux qui ont mérité des distinctions spéciales.

MM. Simon, Cusin, Rageot, Griffaud, Faucheux et Vautrin ont, sur différents points du département, des faire-valoir qui rentrent dans la petite propriété ; ils sont bien dirigés ; chacun d'eux s'est préoccupé des moyens d'améliorer son sol, de produire le plus de vin, le plus de fourrage possible, et d'apporter son contingent de bétail et de vin à la consommation générale.

Pour obtenir ces résultats, ils ont, comme cela arrive toujours dans une petite exploitation, dépensé beaucoup de main-d'œuvre en travaux de défoncement, de drainage, de mouvement de terrains et de plantations. Louons leurs efforts, ils engendrent presque toujours la satisfaction, l'aisance et la prospérité.

M. le marquis D'AUBIGNY.

M. le marquis d'Aubigny est propriétaire sur la commune de Tremayés, hameau de Clairmain, d'une partie de la colline et de la vallée, arrosées par la Grosne. Ce lieu était admirablement choisi pour y construire une habitation et y créer un parc ; c'est ce qu'a fait M. d'Aubigny.

M. d'Aubigny a voulu toutefois que la vaste surface destinée à embellir les alentours de sa belle construction réunit l'utile à l'agréable. C'est dans ce but que tous ses efforts ont été consacrés à l'amélioration des 25 hectares de mauvais terrains distraits de ses fermes, pour y établir successivement des vergers, des jardins potagers et des fruitiers.

Les parties élevées de la colline, les bords de la Grosne ont été complantés, selon la nature du terrain, de peupliers, d'arbres verts variés, d'arbres forestiers à feuilles caduques et d'arbustes.

Les demi-coteaux, préparés pour des prairies sèches, avec bouquets d'arbres verts, sont aujourd'hui en plein rapport.

Enfin, dans la partie basse, une dérivation des eaux de la Grosne fournit un agrément de plus au parc, en même temps qu'elle porte la fécondité dans de vastes prairies.

M. le marquis d'Aubigny a planté, depuis 1838, 15,000 pieds d'arbres et d'arbustes, provenant en partie de ses pépinières.

Aujourd'hui les prairies arrosées ont été réunies aux fermes ; la récolte de celles comprises dans le parc est vendue, après toutefois en avoir distrait les fourrages nécessaires aux écuries du château.

La Commission n'a pas eu à visiter les deux domaines affermés en argent, dépendant de la terre de Clairmain ; elle constate avec plaisir que les travaux de M. d'Aubigny, dirigés avec beaucoup de goût et une sage économie, ont été couronnés de succès.

M. GATINET Pierre.

Sur la commune de Prissé, à quelques kilomètres de Mâcon, M. Gatinet Pierre exploite de ses mains une propriété très divisée d'une surface de 17 hectares.

Il a spécialement signalé à l'attention de la Commission ses prairies de Balouzes et ses vignes des Maillettes.

Les premières se trouvent situées dans un vallon ; la nature elle-même y a installé des prairies.

Ces prairies, divisées en petites parcelles, séparées entre elles par des clôtures en bois, reçoivent en temps de pluie la surabondance des eaux des terrains qui les dominent ; elles sont ainsi arrosées et fécondées ; mais elles ont beaucoup à souffrir d'une sécheresse prolongée.

Frappé de cet inconvénient, qui compromettait souvent la récolte, M. Gatinet a travaillé depuis 1854 à lever diverses difficultés qui l'empêchaient de s'approprier un petit cours d'eau, et, lorsqu'il a pu en être maître, il en a fait largement profiter ses prairies.

Aussi le voyons-nous renouveler ses prés, les niveler, les rigoler avec le plus grand soin, puis réunir les eaux dans un réservoir, les emprisonner dans des vannes, les livrer enfin à ses prairies mêlées à des matières fertilisantes ou réchauffées par leur séjour forcé au contact de l'air.

M. Gatinet a pu assurer ainsi la réussite de sa récolte et doubler le rendement de ses prés.

Le coteau des Maillettes est situé sur une des pentes qui dominent les Balouzes; il existait en cet endroit de vieilles vignes mal plantées, rendant peu, soumises depuis l'invasion de l'oïdium à un dépérissement occasionnant des vides sans cesse plus étendus.

M. Gatinet entreprit de renouveler cette vigne, comme il avait renouvelé ses prés.

Il se mit résolûment à l'œuvre, et, après avoir défoncé à plus de 0^m60^c de profondeur un sol rocheux, il dut transporter une quantité considérable de pierres dans le bas-fond d'un chemin, et utiliser les meilleurs matériaux à la construction d'un mur tout autour de sa vigne.

Sur 92 ares de vigne, M. Gatinet en a renouvelé 70; on y trouve des plants de 1 à 6 ans; le surplus le sera successivement.

Les nouvelles plantations sont établies en lignes distantes de 0^m90^c, avec des crocettes plantées à la *coudée;* les jeunes ceps sont abandonnés à eux-mêmes pendant deux ans; on se contente de tenir la terre propre par des sarclages répétés; ce n'est qu'à la troisième année que se pratique la première taille.

M. Gatinet, on le voit, s'occupe beaucoup de ses vignes; ses défoncements sont bien faits; il donne à la terre des cultures suivies qui entretiennent le sol dans un parfait état de propreté. On a toutefois à lui reprocher de faire précéder ses plantations de trois ou quatre céréales, de charger démesurément ses jeunes vignes, et de ne pratiquer ni ébourgeonnages ni pincements.

Nous constatons avec plaisir que M. Gatinet a bien réussi dans la restauration de ses prés; il aurait obtenu les mêmes résultats pour ses vignes si, au lieu de s'attacher servilement aux pratiques locales, il s'était inspiré des bonnes méthodes conseillées par une viticulture en progrès.

M. Louis FYOT.

Par suite d'un acte de partage de 1857, M. Louis Fyot, qui dirige une importante maison de commerce au Creusot, est devenu propriétaire du domaine de Montvaltin, situé sur la commune du Breuil.

Sur les 75 hectares dont se composait cette exploitation, 40 étaient abandonnés et privés de toute espèce de culture; 35, confiés à des métayers, rapportaient en moyenne 1,000 fr. au propriétaire.

La position exceptionnelle de ce domaine sur un plateau d'où la vue découvre au loin des paysages ravissants; sa proximité d'une ville de récente construction et d'une population toujours croissante; les goûts prononcés de M. Fyot pour l'agriculture, le déterminèrent à tenter l'amélioration de cet héritage.

Tout était à faire; sans changer le genre d'exploitation suivi par ses devanciers, M. Fyot se mit résolûment à l'œuvre, et, dans l'espace de moins de sept ans, cet homme intelligent a réalisé de sérieuses améliorations.

Par ses soins, 32 hectares de terres incultes ont été mis en valeur, 36 chaulés à raison de 151 hectolitres par hectare; 6 hectares de prairies naturelles ont été créés, et 6 autres améliorés; enfin, 6 hectares de prairies artificielles sont venus augmenter les ressources fourragères de cette exploitation.

Pour hâter les améliorations agricoles de ce sol ingrat, 128 mètres cubes de fumier d'écurie sont venus s'ajouter à ceux produits par un nombreux bétail.

Les constructions ont subi une transformation complète : les anciennes habitations couvertes en chaume sont aujourd'hui remplacées par des logements qui ne laissent rien à désirer; les cours sont vastes, les étables faites dans d'excellentes conditions hygiéniques.

Ces étables contenaient, au moment où la Commission s'est transportée au Breuil, un bétail en bœufs de travail, vaches, chevaux, brebis et porcs correspondant à 33 têtes de gros bétail, qui recevaient des soins assidus.

Pour arriver à transformer cette exploitation, M. Fyot a dû appeler à son aide des métayers plus intelligents que ceux qu'il avait trouvés lors de sa prise de possession. Dans le bail qui règle les engagements de chacune des parties, il s'est réservé la direction principale des travaux d'améliorations.

M. Fyot tient une comptabilité rigoureuse; elle lui permet d'avoir un compte exact des dépenses consacrées à la régénération du domaine de Montvaltin; sur ses livres, qu'il nous a été donné de vérifier, nous avons reconnu que les constructions ont coûté en chiffres ronds 19,000 fr.; la chaux, les semences de prairies, les drainages, etc., 9,000 fr.; enfin, que la valeur du cheptel au dernier inventaire s'élevait à 7,500 fr.

M. Fyot a pu, dans ces conditions, élever le revenu de son domaine de 1,000 fr. à 3,500 fr. Mais son œuvre n'est point achevée; il lui reste encore 8 hectares de terres incultes à mettre en valeur; ses prairies de récente création laissent à désirer; la surface consacrée à l'alimentation des bestiaux est loin de répondre à l'importance de l'exploitation; enfin, il devra adopter un assolement qui réduise de beaucoup la culture des céréales, augmente les ressources fourragères et permette de mieux nettoyer le sol.

Constatons que M. Fyot est dans la bonne voie; aujourd'hui qu'un élégant chalet est venu faire du domaine de Montvaltin une propriété d'agrément, M. Fyot s'y fixera, et il aura rapidement achevé son œuvre.

M. ABORD Maurice.

M. Maurice Abord, que la Commission a visité aux Buissonnières, près d'Autun, est un ancien élève de l'Ecole centrale des Arts et Manufactures; on reconnaît dans ses travaux l'homme livré à l'étude des sciences exactes.

La grande préoccupation de M. Abord, dès le début de sa carrière agricole, qui remonte à 1845, a été de trouver le moyen de mesurer les déperditions occasionnées à la terre par les cultures successives auxquelles on la soumet; aussi est-il un des rares adeptes du système euphorimétrique de Varembey; depuis l'apparition des écrits de cet agronome, il s'est attaché en véritable apôtre à les étudier, puis à les appliquer : aujourd'hui même tout son système de culture repose sur les théorèmes proposés par cet auteur, théorèmes que depuis longtemps, à tort ou à raison, on a placés dans les utopies agronomométriques.

Reconnaissons toutefois que chez M. Abord, l'adoption de ce système a eu pour résultat pratique l'étude raisonnée des assolements et la recherche de celui qui, dans des conditions données, permet d'améliorer le sol avec ses seules ressources.

Qu'a fait en effet M. Abord? Après avoir choisi la rotation qui semblait le mieux répondre aux besoins agricoles et économiques dans lesquels il se trouvait placé, il a recherché si l'épuisement occasionné à la terre par son adoption était compensé par la quantité d'engrais produit sur son exploitation; il a donc modifié cet assolement jusqu'au complet équilibre de ces deux influences.

La difficulté, comme on le voit, résidait dans les moyens pratiques de mesurer l'épuisement, puis de connaître quelle quantité d'engrais il fallait donner au sol pour renouveler ses forces, maintenir sa fécondité et l'augmenter.

M. Abord a résolu ces diverses questions en se servant de l'Euphorimétrie de Varembey. Nous regrettons de ne pouvoir le suivre dans l'application de ce système; nous dirons seulement que l'épuisement occasionné par les récoltes des diverses plantes est ramené à l'unité *froment*.

M. Abord admet comme point de départ qu'il faut donner au sol 1,000 kilog. d'engrais pour compenser les déperditions occasionnées par la production d'un hectolitre de froment.

Si donc on donne exactement 1,000 kilog. pour un hectolitre de froment, on maintient la fécondité première du sol; si on donne plus, on améliore; si on donne moins, on épuise.

On voit que le talent du cultivateur consiste à adopter une rotation qui lui fournisse des ressources suffisantes en engrais pour maintenir et augmenter la fécondité de son domaine.

M. Abord a trouvé que, pour tirer de son exploitation le meilleur parti possible, il devait la soumettre à une rotation régulière de 9 ans avec 2 soles hors assolement.

Toutefois les 110 hectares qu'il a reçus en partage en 1854 ne sont encore entrés que partiellement dans la loi générale imposée à son domaine.

33 hectares 60 sont en prairies naturelles.

  6   id.   60 »   en pâtures.

10   id.   »   »   en bois.

56   id.   »   »   en terre labourable.

  1   id.   »   »   en vignes.

  2   id.   40 »   en cour, jardins, chemins et bâtiments.

Sur les 56 hectares 40 sont consacrés aux cultures :

3 hect. 40 avec 3 hect. de pré en ont été distraits et donnés à cinq familles d'ouvriers établies dans une ancienne maison, devenue sans emploi ;

3 hect. sont soumis à l'assolement triennal afin d'obtenir des liens de seigle ;

22 hect. sont à l'état de culture libre, attendant une augmentation d'engrais pour faire entrer 15 hect. en assolement, 7 autres sont en préparation pour la création d'une vigne ;

28 hect. seulement sont divisés en 11 parties ; elles ont été réduites à 9 par la création hors assolement de luzernières.

Voici maintenant de quoi se compose la rotation de 9 ans :

1re année. Fourrages annuels fumés à 100,000 kilog.

2e id. Sarrazin avec navettes.

3e id. Navettes suivies de sarrazin enfouis.

4e id. Avoine avec trèfle. — C'est sur cette sole que se place un chaulage pratiqué à raison de 200 hectolitres à l'hectare.

5e id. Trèfle.

6e id. Blé.

7e id. Récolte sarclée, fumée à 40,000 kil. à l'hectare.

8e id. Blé.

9e id. Orge ou avoine d'hiver.

Comme on le voit, M. Abord est encore dans la période de création ; toutefois il est à craindre qu'avec un assolement de 9 ans, nécessitant 140,000 kilog. de fumier à l'hectare uniquement pour maintenir la fécondité du sol, il est à craindre, dis-je, qu'il ne lui faille bien long-temps encore pour amener le surplus de son domaine à son assolement, unique objet de ses efforts ; car, comme il l'avoue, pour y arriver, il faut augmenter les engrais, et jusqu'à ce jour il n'arrive qu'à compenser les déperditions de la moitié de son domaine.

Il nous semble que, voulant améliorer avec les seules ressources de son exploitation, il eût été préférable au début de choisir un assolement plus en rapport avec ses besoins en engrais ; celui, par exemple, qu'il propose lui-même dans la 1re partie de son mémoire, comprenant, dans une période de 8 ans : 5 ans de pâturages suivis d'une céréale d'hiver, de plantes sarclées oléagineuses, et une 8e année de céréales de printemps dans lesquelles on sème le pâturage.

Tout en se préoccupant de la production des engrais, M. Abord n'a point perdu de vue l'importance du drainage ; aussi une bonne

partie de son domaine, de nature argilo-siliceuse, à sous-sol imperméable, a-t-elle été drainée, et des sommes importantes ont été consacrées à cette amélioration ainsi qu'au chaulage des terres.

Les constructions du domaine des Buissonnières, déjà vastes au
moment où M. Abord en est devenu propriétaire, ont dû être appropriées au faire-valoir direct ; on y trouve des étables bien aérées ;
le bétail de l'exploitation, comprenant aujourd'hui 68 têtes, y est
convenablement installé.

Les purins sont recueillis dans des fosses placées au-dessous des
étables et conduits tout auprès des aires à fumier.

Les productions du domaine trouvent un écoulement facile dans la
ville d'Autun, située à 8 kilomètres de l'exploitation ; tous les jours
le lait de 50 vaches bretonnes y est conduit ; il est très bon et très
recherché des ménagères.

M. Abord est une de ces intelligences que l'industrie lègue à l'agriculture avec des connaissances spéciales, des goûts d'ordre et de
suite ; on retrouve chez lui un choix de bons instruments, une comptabilité suivie et bien entendue. C'est surtout par ces spécialités que
M. Abord se révèle ; déjà il a amélioré une partie de son domaine,
ses revenus ont sensiblement augmenté. Nul doute que, lorsqu'il sera
sorti de la période de création, il obtienne d'excellents résultats ; c'est
une récompense que nous lui souhaitons et qui lui est due.

M. BURDIN Jean-Marie.

M. Burdin, entrepreneur de travaux publics, voulut en 1850 placer
une partie de ses économies ; le domaine de la Garonnière était à
vendre, il en devint acquéreur pour le prix de 44,000 francs. Cette
propriété, d'une surface de 120 hectares, se trouvait dans un état
déplorable ; elle se composait en majeure partie de bois-broussailles,
bruyères, landes, genets, de terres en friches et d'étangs ; 9 hect.
50 ares seulement avaient été maintenus en prairies, et 20 hectares
en culture.

Les bâtiments, peu spacieux, se ressentaient de l'état général des terres ; couverts en chaume, des lézardes les sillonnaient dans tous les sens et rendaient leur solidité douteuse.

C'est ce domaine, situé sur des pentes très fortes, privé de chemins d'exploitation, que M. Burdin entreprit d'améliorer.

Le premier soin du nouveau propriétaire fut de créer un chemin facile, à pente douce, communiquant avec la route la plus voisine ; cette amélioration lui permit d'amener, sans trop de frais, les matériaux nécessaires à la construction des bâtiments d'exploitation qui furent reconstruits, puis 30,000 drains immédiatement utilisés ; enfin une quantité considérable de chaux, considérée par M. Burdin comme un élément indispensable pour rendre à la culture ce sol de nature argilo-siliceuse, difficile à diviser.

A mesure qu'un terrain était drainé, il recevait un premier labour, suivi d'un défoncement énergique ; il était ensuite chaulé à raison de 200 hectolitres à l'hectare ; c'est dans cet état qu'il était rendu à la culture. Cette préparation a été successivement appliquée à toutes les pièces du domaine.

Ces travaux, on le comprend, ont nécessité dès le début des achats de fourrages et une augmentation d'animaux de trait ; heureusement M. Burdin avait à sa disposition les chevaux de ses entreprises, il les a utilisés pour faire tous les charrois, il a pu ainsi laisser les bœufs aux travaux de la ferme.

Les défrichements et le chaulage ont eu pour premier résultat la production d'une grande quantité de paille ; M. Burdin en a de suite profité pour doubler sa provision d'engrais ; dans ce but, il a construit une vaste fosse à purin, augmenté son bétail et traité une fourniture de litière à Massigny.

M. Burdin avait reconnu par des nivellements que toute la partie inférieure du domaine pouvait être soumise à un arrosement régulier, il s'agissait donc de réunir le plus d'eaux possible, puis de les utiliser.

On a obtenu ce double résultat en desséchant un étang où se trouvaient des eaux vives, puis en ouvrant un fossé destiné à recevoir simultanément les eaux provenant du drainage et les eaux pluviales : ces eaux coulaient primitivement sur les pentes, entraînant les engrais et les terrains meubles.

Les anciennes prairies, conservées avec soin, ont reçu des drainages partiels et de forts amendements, surtout de cendres lessivées.

En 1859, le domaine de la Garonnière avait complètement changé de face; le cheptel de 1740 fr. avait été porté à 7,500 fr., et les terres de l'exploitation se subdivisaient comme suit :

<pre>
Prés anciens et nouveaux .... 35 hect. \
Terre en état de culture............. 72   »   } 120 hect.
Bois-taillis........................ 10   »   /
Divers............................. 3   »   )
</pre>

M. Burdin avait trouvé le domaine de la Garonnière entre les mains d'un métayer; ne pouvant, sans compromettre ses intérêts, abandonner ses entreprises pour travailler à l'amélioration de sa nouvelle acquisition, il résolut de suivre le même système d'exploitation; seulement il mit à la tête de son métayage un homme intelligent, en s'en réservant la direction. C'est avec son aide qu'il a réalisé les importantes améliorations que nous avons signalées, et triplé le revenu primitif de ce domaine.

En 1859, M. Burdin se trouva dans la nécessité de vendre la *Garonnière* pour faire honneur à une signature imprudemment donnée; il put reconnaître alors combien ses travaux avaient été fructueux, il vendit au prix de 120,000 fr. les terres acquises pour 44,000 fr.

Il était trop pénible pour M. Burdin de se séparer de ce domaine, auquel il avait consacré pendant neuf ans ses économies et ses peines; aussi fut-il convenu, dans les conditions de vente, que le précédent propriétaire resterait fermier pour continuer son œuvre régénératrice, et un bail de douze ans fut signé au prix de 5,600 fr. par an.

Comme un véritable propriétaire, M. Burdin a continué dès lors à cultiver ce domaine, qui n'aurait jamais dû cesser de lui appartenir; retiré des affaires, il a conservé son métayer, augmenté son bétail; aujourd'hui encore il s'occupe de mettre la dernière main à son œuvre.

La Commission aurait désiré récompenser dans M. Burdin cette foi agricole qui s'attache à la terre et ne se rebute de rien; cette persévérance, qui permet de tout entreprendre, de tout oublier; ce courage, enfin, qui nous a fait retrouver dans un propriétaire dépossédé par de malheureuses circonstances, l'attachement au sol du véritable propriétaire. Mais votre Commission n'a pu perdre de vue que depuis 1859 M. Burdin n'est plus qu'un fermier exploitant par l'intermédiaire d'un métayer, et que l'un et l'autre travaillent à remplir les charges et conditions d'un bail à long terme.

M. DUVERNE Philibert.

Le domaine de Chavannes-Barive est situé sur le territoire de la commune de Montmort.

Le 15 mars 1862, M. Dulong, d'Autun, en devenait propriétaire, et, le 24 du même mois, il fut affermé à M. Duverne Philibert au prix de 5,500 fr. par an.

Cette propriété, d'une surface de 241 hectares, se trouve divisée en quatre fermes, échelonnées sur un parcours d'un kilomètre environ.

L'ensemble du domaine est séparé de toute voie de communication par la rivière de l'Arroux ; les abords en sont rendus difficiles par le mauvais état des chemins et l'impossibilité de communiquer avec la rive opposée, lorsqu'une crue un peu considérable exhausse les eaux dans les gués.

C'est donc en empruntant le cours de la rivière, en traversant des marais, des bois, des terres vagues et des sables que la Commission est arrivée, par des chemins à peine tracés, sur l'exploitation de M. Duverne.

Nous l'avons dit, le domaine de Chavannes n'a pas été constitué pour former une seule exploitation ; de tout temps il a été divisé en quatre métairies. Les maisons, couvertes en chaume, sont construites sur un plan assez uniforme ; c'est un long rez-de-chaussée où se trouvent installés tous les services, et le niveau égalitaire d'une époque déjà éloignée a placé à peu près dans les mêmes conditions les hommes et les animaux de la ferme.

Les cours, pavées sur le modèle des voies romaines, creusées en contre-bas des maisons, servent simultanément d'aires à fumier et de fosses à purin.

Déjà M. Duverne, aidé de son propriétaire, a pu améliorer cet état de choses, qui laisse cependant encore beaucoup à désirer.

Les terres du domaine sont réunies ; elles s'étendent sur une vaste plaine sans pente sensible, puis elles s'élèvent sur le coteau ; toutes sont de nature argilo-siliceuse ; les terres en culture se trouvent dans le bas, elles ont toujours eu à souffrir de l'imperméabilité du sous-sol ; 23 hectares placés sur les hauteurs sont presque stériles.

Au 24 mars 1862, Chavannes était cultivé par quatre métayers ; il était difficile de changer cet état de choses sans engager un capital considérable : aussi **M.** Duverne, après s'être installé dans l'une des métairies, dut-il prendre des arrangements avec les trois autres tenants.

M. Duverne, en se chargeant de cette vaste exploitation, avait compris qu'il ne pouvait, sans s'exposer à compromettre sa petite fortune, laisser le domaine dans l'état où il se trouvait et continuer le système de culture biennal suivi par les anciens métayers.

Il fallait avant tout assainir les terres, puis leur fournir l'élément calcaire qui manquait.

Laissant trois métairies à moitié fruit, il n'était pas juste que, seul, il entreprît des améliorations dont ses colons partiaires devaient profiter autant que lui.

Aussi, en passant de nouveaux baux à ses trois métayers, **M.** Duverne fit admettre la clause suivante :

« Vous ferez ce que je vous commanderai ; si nous réussissons « dans notre travail, vous payerez la moitié de la dépense ; si nous « ne réussissons pas, vous ne perdrez rien. »

C'est donc avec le concours de ses métayers que le nouveau fermier de Chavannes a pu, dans l'espace de trois ans, utiliser 15,000 tuyaux de drains, assainir 32 hectares, en chauler 57 autres à raison de 50 et rarement 100 hectolitres de chaux, au prix rendu sur les lieux de 1 fr. 50 l'hectolitre.

A mesure qu'une pièce de terre était drainée ou chaulée, elle recevait des labours profonds, puis elle entrait dans une rotation de 5 ans.

Ces diverses opérations ont modifié d'une manière satisfaisante l'état du domaine ; les prés produisent des fourrages plus abondants et de meilleure qualité ; les champs sur lesquels on avait de la peine à doubler les semences de seigle et d'avoine, produisent aujourd'hui des plantes sarclées, des froments et du trèfle.

M. Duverne n'est pas au bout de sa tâche, il lui reste encore beaucoup à faire ; les 30 hectares qu'il cultive de sa main ont marché plus vite dans la voie des améliorations que les terres livrées aux métayers, et cependant plus d'un quart se trouve encore en friche.

Forcé par sa position de demander beaucoup au temps, il eût fallu à ce fermier intelligent un bail de vingt ans au lieu de douze ; il eût pu alors ne pas tout entreprendre à la fois, pour se couvrir rapidement de ses avances ; au lieu d'éparpiller 15,000 drains sur 32 hectares, il aurait exécuté un travail complet qui donnerait de bien meilleurs résultats. C'est par les mêmes motifs qu'il se montre si parcimonieux dans l'emploi de la chaux, et cependant M. Duverne n'ignore pas que, pour obtenir un effet sensible et durable dans un sol argileux comme l'est celui des Chavannes, il eût fallu l'employer à la dose de 100 à 150 hectolitres à l'hectare.

Avec du courage et de la persévérance, M. Duverne arrivera sans nul doute à des résultats satisfaisants, surtout si son propriétaire, soucieux de ses propres intérêts, veut bien l'aider dans la tâche difficile qu'il s'est imposée.

La Commission a décerné à M. DUVERNE *une médaille d'argent* pour ses assainissements, parce qu'ils ont été et seront toujours la base de la transformation du domaine de Chavannes-Barive.

M. JANIN.

M. Janin a présenté au concours la terre de Varanges, commune de Cortambert, canton de Cluny.

Resté orphelin dans la première enfance, sans fortune, M. Janin fut mis en service à l'âge de douze ans; successivement élève de l'Asile de Montbellet, jardinier, homme de confiance et régisseur, il ne doit qu'à son goût prononcé pour l'agriculture les notions théoriques qu'il a su appliquer dans son exploitation.

Ce fut en 1852 qu'il s'établit et se chargea pour douze ans du fermage de Varanges.

Ce domaine, d'une surface de 120 hectares, est situé sur la déclivité d'une colline élevée; les terres très pentueuses, orientées au nord-ouest, sont argilo-calcaires dans le haut, granitiques vers le milieu, et mêlées d'un calcaire ferrugineux dans le bas.

En prenant possession de cette ferme, M. Janin trouva les constructions en mauvais état; les terres, à fortes pentes, étaient couvertes de ronces et de genets; les prairies occupaient le fond du vallon, et il n'existait pas de vignes.

Le tenancier auquel il succédait, quoique payant un fermage moins élevé, n'avait pu satisfaire à ses engagements, et sur ce domaine de 120 hectares il entretenait avec peine 15 têtes de bétail.

Dès son entrée en ferme, M. Janin s'est appliqué à améliorer les anciennes prairies par des drainages, des fumures et surtout en utilisant à leur profit toutes les eaux qu'il put recueillir ; il convertit en prairies naturelles les parties du domaine sur lesquelles il pouvait diriger les sources provenant des parties élevées de la ferme.

Les terres abandonnées ont été défoncées à la main, puis quelques pièces ont été drainées, d'autres chaulées, toutes fumées.

Ce travail d'amélioration s'est poursuivi pendant douze ans, et cependant il reste encore 13 hectares de terres en friches ; le surplus du domaine comprend 25 hectares de prés d'embouches, 35 de prairies fauchées, 4 de vignes et 33 de terres cultivées.

Sur ces 33 hectares, M. Janin semble vouloir adopter un assolement de quatre ans encore peu suivi : la première sole, destinée aux plantes sarclées, est en grande partie en jachère ; la deuxième et la quatrième sont en froment ; la troisième, partie en trèfle, partie en fèves et en avoine.

La vigne est établie sur un coteau à l'ouest ; M. Janin n'a rien négligé pour en assurer la réussite ; les défoncements ont tous été pratiqués à la main ; les cépages, choisis parmi les gamais en renom, sont plantés à la coudée et distancés de 1 mèt. sur 0,60 cent. La taille en a été faite dès la première feuille, et ce vignoble, qui présente des plants de 1 à 8 ans, ne laisse rien à désirer sous le rapport de la propreté du sol.

Ces vignes sont cultivées à moitié fruit par des vignerons ; ils résident sur l'exploitation, sont logés et reçoivent gratuitement de 30 à 40 ares de terres ; le propriétaire fournit l'engrais et les échalas ; le vin se partage sous le pressoir.

Sur les prés d'embouches et les pâturages, la Commission a trouvé les troupeaux de M. Janin représentés par 6 juments croisées normandes, 4 poulains, 20 bœufs charollais du poids de 700 à 800 kilogrammes, 6 mères vaches de races diverses, 24 élèves charollais de 3 mois à 2 ans et demi, 60 moutons et quelques porcs.

Tous ces animaux, élevés pour la plupart sur la ferme, sont bien choisis et bien tenus ; leur entretien habituel correspond à 50 têtes de gros bétail : aussi le cheptel de 7,500 fr. trouvé en 1852 s'élève-t-il aujourd'hui à 40,000 fr.

Si des prés et des champs nous passons à la ferme, nous trouvons de vastes constructions entièrement neuves ; ici c'est le propriétaire que nous devons féliciter ; aidé de son fermier, M. Pombichet n'a rien négligé pour loger convenablement le personnel de l'exploitation et installer un nombreux bétail : le laitier, les écuries, les étables, la bergerie, la porcherie, sont vastes et bien aérés; le service est rendu facile par la cour qui relie entre eux les divers services de l'exploitation; les places à fumier et la fosse à purin ont été installées au milieu de cet ensemble.

Sous un des hangars se trouvait redressé le matériel de l'exploitation, composé des meilleurs instruments du pays.

M. Janin a adopté une comptabilité en rapport avec son éducation, presque exclusivement pratique; il porte ses recettes et ses dépenses sur un livre de caisse; c'est par l'inventaire annuel qu'il se rend compte de sa situation.

Le marché le plus rapproché de l'exploitation est la ville de Cluny. M. Janin y conduit des animaux gras, du foin, du blé, du vin, du jardinage et de la volaille.

Les résultats obtenus par cet honnête fermier sont sans nul doute satisfaisants, puisque, arrivé en fin de bail en 1864, il l'a renouvelé pour douze ans avec une augmentation de 1,600 fr., et porté ainsi le prix de 9,000 fr. à 10,600 fr. Cette nouvelle charge est considérable, surtout en présence de l'avilissement du prix des céréales. M. Janin doit donc redoubler d'efforts; il a beaucoup fait sans doute, mais sa tâche est loin d'être achevée. Ainsi la Commission aurait désiré trouver à Varanges plus de régularité dans la succession des plantes; l'alternance des céréales avec les plantes sarclées et le trèfle est plutôt une exception qu'une règle adoptée : aussi les cultures de toutes natures, notamment les blés et les avoines, laissent à désirer; envahies par des mauvaises herbes de la pire espèce, elles ne peuvent, en cet état, donner de bons résultats.

La place réservée aux racines est trop restreinte, surtout en présence d'un troupeau aussi nombreux.

Les pâturages et les prés ne nous ont pas paru être l'objet d'assez de soin, les nivellements sont incomplets, les irrigations peu suivies, les rigoles mal entretenues.

Ces imperfections de culture sont regrettables en présence surtout de l'état de progrès de l'ensemble du domaine; toutefois le Jury, désireux de récompenser la série d'améliorations entreprises par M. JANIN sur la ferme de Varanges, lui accorde *une médaille d'argent grand module* pour la bonne tenue de son intérieur de ferme.

M. TAPERIN.

Le domaine de Layé est une dépendance du vaste et antique château des seigneurs de Vinzelles.

Ce fut dans les premiers jours de 1860 que M. Taperin devint acquéreur, au prix de 375,000 francs, des habitations, du mobilier et de 78 hectares de terres conservées autour de cette résidence princière.

Le précédent propriétaire, peu soucieux des résultats pécuniaires qu'il aurait pu tirer de cette terre, abandonnait 11 hectares en friches, conservait pour son usage les bois et les bonnes prairies, et faisait exploiter à moitié fruit les vignes, les champs et les pâturages.

Le domaine de Layé limite la commune de Vinzelles d'avec celle de Fuissé, et de tout temps on a recherché les vins blancs du château.

Les terres des vignes sont admirablement appropriées à cette culture, toutes sont inclinées au sud-est, sur des pentes ordinairement légères, quelquefois rapides; la couche arable, de nature argilo-calcaire, n'est pas toujours profonde, on rencontre dans le sous-sol des bancs rocheux faciles à déliter.

Ces diverses circonstances avaient frappé M. Taperin; aussi voulut-il en tirer parti, dès les premiers jours de son acquisition; il dut toutefois compter avec ses vignerons, et ne put entreprendre de travaux sérieux qu'après les vendanges de 1860, terme du métayage du précédent propriétaire.

Dès cette époque, utilisant la morte-saison de la fin de l'automne et principalement l'hiver, M. Taperin, avec le secours d'un actif et intelligent régisseur, a travaillé à la transformation de ce domaine.

Toutes les vignes anciennes qui ne donnaient plus un produit rémunérateur furent arrachées, puis défoncées, fumées et plantées 2/3 en plant rouge, 1/3 en blanc.

La même opération a été exécutée sur les terres en friches et sur celles abandonnées, qui s'étaient couvertes de genets.

Ces divers travaux ont nécessité des dépenses considérables, principalement pour défoncer le sol, l'épierrer et successivement regarnir les vides occasionnés par l'enlèvement d'une quantité considérable de matériaux.

Il ne suffisait pas de préparer le terrain, il fallait le rendre accessible aux voitures et le clore. M. Taperin a su profiter des terres enlevées des routes à pentes douces tracées dans le vignoble, pour combler les vides et niveler ses défoncements, puis il a utilisé les matériaux qui l'encombraient à balastrer ces chemins et clore la propriété.

La plantation a suivi de près ces travaux préparatoires ; on a tiré les crocettes des meilleurs crûs du Beaujolais; pour les vignes plantées en blanc, on a conservé avec soin le chardenet ou pineau blanc, cépage qui produit l'excellent vin de Fuisset et de Pouilly.

Les plantations ont été opérées à la coudée, à la distance, dans la ligne, de 0m65 centimètres; les lignes sont espacées les unes des autres de 0m90 centimètres.

Contrairement à ce qui se pratique dans le pays, où les plantations sont abandonnées à elles-mêmes, sans ébourgeonnage, ni taille pendant deux et même trois ans, M. Taperin a fait tailler et émonder les jeunes ceps dès la première feuille ; à la troisième, il place les échalas.

L'exploitation ne pouvant fournir les fumiers nécessaires pour entretenir la fécondité des nouvelles plantations et améliorer les anciennes, M. Taperin a acheté à Lyon et fait transporter par le chemin de fer 32 vagons de fumier de cheval; chaque vagon amené à la station de Crèche, distante de 7 kilomètres du domaine, pesait 10,000 kilog. et coûtait, rendu sur la vigne, 14 fr. 50 c. les mille kilogrammes.

Les travaux de culture et de nettoiement des vignes sont pratiqués à la main; le fumier est répandu sur toute la surface du sol, on l'enfouit en donnant les labours ; la terre, de nature argilo-calcaire, a besoin d'être aérée; c'est pour y arriver et en même temps mettre les racines d'une manière plus immédiate en contact des agents atmosphériques, qu'en donnant la première façon à la terre, les plants sont déchaussés, la motte soulevée est jetée au milieu de l'intervalle des deux lignes ; à la seconde façon, ce terrain mûri et émietté reprend sa place au pied des ceps.

M. Taperin tient un compte exact des travaux exécutés au château de Vinzelles ; il résulte du compte ouvert aux vignes, que les nouvelles plantations à la troisième feuille coûtent en moyenne 2,115 fr. par hectare.

Dans ce chiffre, déjà considérable, on n'a point tenu compte de la privation des récoltes, minimes il est vrai, qu'on retirait des vieilles vignes renouvelées, pas plus que de l'intérêt du capital immobilisé par ces travaux. On peut donc sans crainte porter ce chiffre à 2,500 francs.

M. Taperin est à la cinquième année de sa prise de possession; il n'a point encore obtenu les résultats qu'il est en droit d'espérer de ses plantations; cependant sa récolte d'entrée de 1860, qui n'était que de 120 pièces, a été portée, en 1864, à 450.

L'outillage nécessaire à la récolte et à la vinification du raisin existait sur l'exploitation; il est nombreux et en bon état; on compte 14 cuves et 4 pressoirs *à bascule*; les caves sont au-dessous.

M. Taperin s'est beaucoup occupé de ses vignes, sans pour cela négliger les autres parties du domaine; les prés anciens ont été drainés et amendés, les champs qui n'ont pas été convertis en vignes forment aujourd'hui de bonnes prairies, enfin les bois sont aménagés.

Après cinq ans d'efforts, M. Taperin a présenté à la Commission un domaine en bonne voie de transformation.

Il se compose aujourd'hui de 32 hectares de vignes, 11 ont été renouvelés, 11 plantés et 10 améliorés.

11 hectares de pairies.

28   id.   de bois.

L'extrême rareté de la main-d'œuvre et le prix élevé auquel on l'obtient n'ont pas permis à M. Taperin de conserver les cultures directes de son vignoble; il a donc rétabli les anciens vignerons qui ne se sont pas montrés trop récalcitrants à la direction qu'on a voulu leur imposer; les autres ont été facilement remplacés.

On le voit, M. Taperin est dans la période de création; encore quelques années d'efforts, de soins intelligents, et le succès, en couronnant cette œuvre de transformation, fera mieux apprécier les bonnes théories agricoles dont s'est inspiré le propriétaire du château de Vinzelles, pour régénérer ce domaine.

Le Jury a tenu à signaler les améliorations entreprises par M. Taperin, en lui décernant *une médaille d'or* pour ses nouvelles plantations de vignes.

M. GOYARD Charles.

Le domaine des *Draps-Verts* est situé dans l'arrondissement de Charolles, sur la commune de la Guiche; M. Charles Goyard, qui l'exploite, a désigné à l'attention de la Commission ses créations de prairies naturelles, pour lesquelles il s'est spécialement présenté au Concours.

Draps-Verts appartient depuis fort longtemps à la famille Goyard; sa surface, de plus de 180 hectares, est réunie autour des constructions; jusqu'en 1845, il était affermé au prix de 2,700 fr. par an.

A cette époque, M. Goyard, désireux d'occuper utilement les loisirs de son fils Charles, lui abandonna la jouissance de cette propriété de famille.

Pour répondre aux intentions de son père, M. Goyard s'est mis résolûment à l'œuvre; lorsque le bail du fermier est arrivé à terme, il ne l'a pas renouvelé et s'est installé lui-même à la tête de cette exploitation.

Le domaine des *Draps-Verts* se trouve dans une position très pittoresque; la maison, réservée au propriétaire, est placée au milieu de vastes jardins; elle domine un vallon formé de prairies; les cultures sont sur des coteaux légèrement inclinés; une ceinture de bois contourne agréablement cet ensemble.

Les terres du domaine, de nature argilo-siliceuse, sont difficiles à cultiver; le sous-sol est formé d'un grès compacte imperméable.

Il est encore possible aujourd'hui d'étudier les transformations auxquelles ont été soumises les diverses pièces du domaine; à côté des terres en friches ou en voie d'être défrichées, de belles récoltes de pommes de terre, de blé, d'avoine, de trèfle et de luzerne signalent des améliorations importantes.

La création, sur de vastes étendues, de prairies naturelles, est le but qu'a poursuivi avec persévérance M. Charles Goyard; pour y arriver aussi promptement que possible, il a recueilli les égouts du village, les eaux de sources, celles des drainages; ces eaux ont été ensuite employées à l'irrigation des prés.

Les pièces de terre que M. Goyard veut convertir en prairies sont préparées à recevoir la semence avec le plus grand soin; après avoir été drainées, elles reçoivent plusieurs labours d'été, suivis de hersages énergiques; lorsque la terre est bien nettoyée et convenablement ameublie, elle est fumée, puis chaulée à raison de 250 hectolitres à l'hectare.

C'est après avoir achevé ces préparations, que M. Goyard sème un mélange de graminées et de légumineuses qu'il a reconnu réussir le mieux dans ce sol exceptionnel; le semis est suivi d'un léger hersage, puis on donne plusieurs tours de rouleaux.

M. Goyard a transformé ainsi 75 hectares de terres d'étangs et de mauvais pâturages en bonnes et productives prairies; 25 autres sont en voie de création.

Avec le produit de ces vastes surfaces, converties en prés, M. Goyard maintient sur son exploitation 80 têtes de gros bétail; se livrant simultanément à l'élevage et à l'engraissement des bêtes à cornes de la race charollaise, il a divisé ses prés d'embouches par des clôtures solidement établies en murs, en haies vives et en poteaux armés de fil de fer.

Partout sur ces gras pâturages on a su aménager des eaux courantes pour abreuver le bétail.

M. Charles Goyard a pris l'exploitation des *Draps-Verts* au sortir de la première jeunesse; vingt ans ont été employés à créer les améliorations qui la signalent aujourd'hui à l'attention du Jury.

Pendant cette longue suite d'années, il a consacré à ce domaine son temps, son énergie et toutes les ressources financières qu'il en a retirées, ressources qu'il évalue lui-même à plus de 100,000 francs. Tout recommandait au Jury de distinguer par *une médaille d'or* M. GOYARD Charles, pour ses belles créations de prairies naturelles.

M. ADENOT Charles.

M. Adenot a présenté au Concours le domaine de Malfontaine, dont il est propriétaire, la ferme et les communaux de Saint-Huruges, qu'il tient à bail.

Ces trois exploitations, distantes de quelques kilomètres les unes des autres, sont situées sur les communes voisines de Burzy et de

Saint-Huruges; elles appartiennent au canton de Saint-Gengoux-le-Royal, arrondissement de Mâcon.

Malfontaine, d'une contenance de 75 hectares, a sa base assise dans une vallée arrosée par un ruisseau, tandis que son extrémité repose sur une colline à pente rapide. A mesure qu'on s'élève, les terrains, comme les cultures, changent de nature, et l'on passe successivement sur des couches argilo-calcaires, argilo-granitiques et granitiques; dans la plaine se trouvent les prairies à faucher; viennent ensuite les pâturages où se fait l'élevage; enfin, les prés d'embouches, consacrés à l'engraissement, occupent le milieu du coteau.

Au-dessus de ces prairies apparaissent les terres arables, dans lesquelles on cultive une vigne de 3 hectares, des fourrages annuels, des racines, du maïs et des céréales.

Au centre de la propriété, au milieu d'un jardin dominant toute la vallée, se trouve l'habitation de M. Adenot; un peu plus haut sont installés, sur trois faces d'un vaste rectangle, les écuries, les étables, une bergerie, des loges à porcs, des granges et des remises à instruments; les places à fumier occupent le milieu de la cour, il n'y a pas de fosse à purin; il est cependant possible d'arroser les fumiers en utilisant l'écoulement d'une fontaine jaillissante qui traverse la cour.

Saint-Huruges est un domaine échu en partage aux sœurs de M. Adenot; en se chargeant de cette exploitation, au prix de 9,700 francs, il a surtout eu en vue d'augmenter dans de larges proportions ses ressources en fourrages.

Cette ferme, d'une surface de 94 hectares, est en effet largement dotée de prairies arrosées; les cultures sont sur la colline; les maisons d'exploitation laissent à désirer sous tous les rapports.

Les terrains communaux de Saint-Huruges, d'une surface de 12 hectares, ont été loués au prix de 350 francs en 1860. M. Adenot, en prenant à bail ces terres, d'un difficile accès, avait pensé que le sol, depuis longtemps livré à la vaine pâture, aurait accru sa force productive; malheureusement il n'en a rien été, car sa première récolte de froment, qui a nécessité 16 hectolitres de semences, n'en a produit que 24. Il était impossible de continuer la culture de cette pièce de terre dans ces conditions : il fallait où l'abandonner, ou lui faire des avances de toute nature; c'est à ce dernier parti que s'est arrêté M. Adenot. Dès la fin de 1862, il fit conduire sur ces communaux

1256 hectolitres de chaux, coûtant avec la manipulation 1978 francs ; successivement, au printemps de 1863, il enfouissait 306 chars de fumier d'étable, évalués 3,060 francs. Les résultats de cette culture intensive ne se sont pas fait attendre, la même année l'avoine semée sur cette préparation a produit en paille et grain 3,045 francs, et en 1864, le froment, qui avait succédé à l'avoine, donnait encore 3,500 francs.

Au moment où la commission a visité M. Adenot, une nouvelle récolte d'avoine était sur pied ; surprise par la sécheresse, elle promettait à peine un produit moyen.

Les résultats accusés à la fin de 1864 sont les suivants :

Avances aux cultures............................. 10,198 85
Produits de toutes natures .... 7,370 »

Pertes constatées fin 1864............ Fr. 2,828 85

M. Adenot n'est qu'à la cinquième année de son bail ; sans nul doute, il aura beaucoup de peine à se couvrir de ses avances, et cependant jusqu'à ce jour il a cultivé céréales sur céréales sans se préoccuper de l'avenir.

Revenons à Malfontaine et à Saint-Huruges, nous y trouverons des résultats plus satisfaisants.

Dans ces deux exploitations, M. Adenot a consacré aux prairies toutes les parties du domaine où il était possible d'en établir ; les cultures occupent le surplus ; elles sont cependant assez étendues pour fournir des litières, alimenter le personnel de l'exploitation et livrer des céréales au marché voisin.

Il est nécessaire, pour apprécier le système de culture de M. Adenot, de rappeler qu'il se trouve placé à 30 kilomètres d'une gare de chemin fer et à 40 de Mâcon ; toutes les denrées qu'il vend doivent arriver à leur destination par la voie ordinaire ; il ne faut pas perdre de vue non plus que les exploitations de M. Adenot sont éloignées des centres agglomérés, et que la conséquence de cet état de choses est la rareté et la cherté de la main-d'œuvre.

Ce sont sans nul doute ces considérations économiques et surtout l'aptitude toute particulière de ces deux exploitations à produire des fourrages, qui ont déterminé M. Adenot à se livrer presque exclusivement à la production du bétail.

Lorsqu'en 1849, M. Adenot prit en main le domaine de Malfontaine, les héritages n'étaient pas clos, la charrue rencontrait partout des roches; il existait çà et et là des amas de pierres amoncelées depuis des siècles; les plantes parasites envahissaient les pâturages et les prairies; les chemins étaient mal entretenus; enfin les constructions laissaient beaucoup à désirer.

Il n'a pas fallu moins de quinze ans pour changer cet état de choses et constituer le domaine de Malfontaine dans l'état satisfaisant où nous l'avons trouvé aujourd'hui : les terres ont été drainées et chaulées, les maisons reconstruites, la ferme pourvue d'eau jaillissante. Les prairies basses sont arrosées par les crues d'un ruisseau, les prés des premiers versants reçoivent également les eaux de quelques sources et les égouts fécondants des terrains supérieurs; les prairies les plus élevées, à peu d'exception près, ne sont arrosées qu'en temps de pluie.

L'entretien de cette importante production du domaine est l'objet d'un soin tout particulier; partout existent des fossés qui réunissent les eaux et des rigoles qui les répartissent sur les prairies.

Plusieurs fois par an on prend soin d'étendre sur les prés les déjections trop localisées des animaux d'embouches.

Les terres de l'exploitation sont soumises à un assolement irrégulier; les meilleures pièces sont placées, hors de la rotation, en luzerne et sainfoin. La moitié du surplus est consacrée à la production des céréales; la seconde moitié est emblavée alternativement en pommes de terre, maïs, fèves; quelques pièces seulement sont semées de trèfle, d'autres restent en jachères.

M. Adenot dispose d'une grande quantité d'engrais dont il fait profiter ses terres, aussi ses récoltes donnent des résultats satisfaisants.

Dans un champ situé sur un des plateaux les plus élevés et les plus arides du domaine de Malfontaine, M. Adenot a planté en cinq ans une vigne de trois hectares, dont le dernier 5e est à sa première feuille.

Le sous-sol de cette pièce de terre est granitique; pour en opérer le défoncement on a souvent dû travailler dans le roc vif; les matériaux sortis de ce minage ont été utilisés pour clore la vigne et remblayer un chemin de nouvelle création.

La première partie de cette vigne a quatre ans; plantée dans de bonnes conditions en lignes espacées de 80 centimètres, elle donne les meilleures espérances.

M. Adenot, nous l'avons dit, poursuit un but unique : produire beaucoup de fourrages pour entretenir un nombreux bétail.

Au moment où nous avons visité Malfontaine et Saint-Huruges, le cheptel comprenait 173 têtes d'espèces bovine de tout âge, 3 juments et 5 porcs; tous ces animaux, à l'exception de 33 jeunes bœufs achetés et 2 mis en apanage, sont nés sur le domaine.

M. Adenot a un bétail de choix : 19 mères vaches de race charollaise et durham-charollaise servent à l'entretenir et le renouveler.

Tous les veaux, sans exception, sont élevés par leur mère, qui les allaite 6 mois; le peu de lait obtenu des vaches en dehors de la nourriture du veau est utilisé pour les besoins du ménage.

Pendant 7 mois, le troupeau se nourrit en liberté dans les prés et pâturages; la nourriture des 5 mois d'hiver se compose d'un mélange de fourrage sec et de paille.

Annuellement on livre à la boucherie les vieilles vaches, les jeunes bœufs de 30 à 42 mois qui ne sont pas destinés au travail, et les bœufs de 6 ans qui y ont été soumis; on vend encore de 25 à 30 têtes de bétail achetés annuellement pour compléter le nombre nécessaire à la consommation des fourrages pris en vert dans les prés.

Ces derniers restent de 5 à 6 mois dans les pâturages et donnent un bénéfice de 140 à 150 francs.

Les jeunes bœufs pesant 350 à 450 kilogr. de viande nette sont vendus de 450 à 600 francs.

Les bœufs de 6 ans pèsent en moyenne 550 kilogr. et se vendent 750 francs.

Tous les animaux livrés à la boucherie sont engraissés dans les prés et pâturages sans supplément de nourriture.

M. Adenot porte au marché du blé, de l'avoine, de l'orge, du foin et surtout de la viande grasse.

Les résultats obtenus sur son exploitation sont consignés scrupuleusement dans sa comptabilité.

Pour obtenir le compte de ses opérations d'une manière aussi exacte que possible, il a continué à débiter le domaine de Malfontaine du fermage de 8,000 francs, payé par le dernier tenancier; il ajoute à ce premier fermage celui de Saint-Huruges et des communaux, puis l'intérêt des capitaux engagés, l'amortissement du matériel d'exploitation, enfin les frais de culture. Ce total, comparé aux ventes réalisées, donne pour différence le bénéfice ou la perte éprouvés annuellement.

Les écritures que nous a présentées M. Adenot comprennent la période de 1860 à 1864 inclusivement; pendant ces cinq ans, les résultats, quoique très variables d'une année à l'autre, sont encore satisfaisants, puisque le bénéfice net s'élève annuellement à une moyenne de 8,745 francs. Ce bénéfice serait beaucoup plus élevé si nous devions tenir compte de la plus-value donnée au domaine par les améliorations de toute nature réalisées pendant la durée de son exploitation.

En présence de cette série d'efforts, couronnés de succès, le Jury décerne à M. Charles ADENOT *une médaille d'or* pour sa supériorité dans le choix, l'élève et l'engraissement du bétail.

M. VACHIA Antoine.

M. Vachia, de Digoin, a présenté au Concours son domaine du Boisseret, situé sur les deux communes de Varennes-Reuillon et de Vitry-le-Paray, arrondissement de Charolles.

En décembre 1852, le Gouvernement mit en vente un lot de bois de l'Etat, avec faculté de défricher; ce lot, d'une surface de 145 hectares, fut adjugé à M. Vachia pour 52,000 francs; ce prix fut ensuite réduit à 34,000 francs, par suite de ventes de quelques parcelles et d'échanges.

Cette acquisition comprenait des bois-broussailles de chênes, de mauvaises venues, établis sur un terrain argilo-siliceux et siliceo-argileux, à sous-sol imperméable.

Pour rendre ces bois à la culture, il fallait simultanément défricher; donner de nombreux labours à ce sol vierge, pour l'aérer; fournir l'élément calcaire qui manquait; il fallait enfin construire tous les bâtiments d'exploitation.

Le défrichement a commencé presque aussitôt après l'acquisition, d'abord directement par le propriétaire, au prix de 105 francs l'hectare, puis avec le concours des cultivateurs du pays, qui avaient pour toute indemnité les racines et les 5/6mes de la première récolte.

Dès la troisième année, 95 hectares de bois avaient été défrichés.

Les terres du domaine, avant de recevoir des semences, ont été soumises à une jachère d'été ; la même année, en juillet et août, on chaulait à raison de 190 à 200 hectolitres de chaux par hectare, et après l'avoir enfoui par un dernier trait de charrue, on semait le colza, le blé venait ensuite, puis une avoine et rarement une plante sarclée.

Le colza, semé dans un sol riche en matières organiques, était on ne peut mieux placé pour donner d'abondantes récoltes, comme celles que nous avons trouvées sur les terrains neufs du Boisseret.

Ce fut en 1854 que M. Vachia entreprit de construire les bâtiments d'exploitation, ils n'ont été terminés qu'en 1858 ; on doit le féliciter du plan général des constructions : les cours sont vastes, au milieu sont installées les places à fumier et les fosses à purin.

Sur les quatre faces se développent la maison d'habitation et les greniers, les étables, les écuries, la bergerie, le fenil, la porcherie, le gerbier, le poulailler et la remise aux instruments.

Tout est bien à sa place, tout est construit dans de bonnes conditions hygiéniques et sur de larges proportions.

Le service se faisant par les cours, la surveillance en est rendue facile.

La porcherie, construite sur un plan nouveau, permet de tenir les animaux dans un état parfait de propreté : des auges fixes occupent l'épaisseur du mur de façade ; et par un jour laissé au-dessus, garni de bandes de fer transversales, on peut surveiller sans danger l'état sanitaire des animaux.

M. Vachia a fait creuser, tout auprès des habitations, un étang destiné à réunir les eaux ; il sert simultanément d'abreuvoir et de baignoire, le trop plein se déverse sur les prairies de l'exploitation.

Au moment de la visite, les étables contenaient :

12 vaches, 1 taureau, 8 veaux et velles de l'année, 8 génisses de 1 à 2 ans, 24 bœufs, 10 bovillons, 48 porcs de 1 an et 73 moutons.

Tous ces animaux appartiennent aux races charollaises ; ils sont nourris en stabulation permanente avec des fourrages verts pendant l'été, avec des fourrages mêlés à des pailles pendant l'hiver.

Les moutons sont élevés et nourris sur les pâturages.

Les porcs reçoivent chaque jour des rations de drèche ou de racines cuites et une de vert pendant l'été.

M. Vachia se livre simultanément à l'élevage et à l'engraissement des seuls animaux de son exploitation ; le peu de lait qui reste disponible après l'allaitement des veaux, est converti en beurre et en fromages blancs pour les besoins du ménage.

Le propriétaire du Boisseret a consacré douze ans à la création de ce domaine, et cependant il lui reste encore 6 hectares de friches à rompre ; pendant cette longue période de transformation, commencée en 1850, qui s'est terminée en 1863, il n'a pu soumettre ses terres à aucun assolement régulier. Il produisait, selon la nature des surfaces disponibles, des céréales, du colza et surtout des fourrages verts pour suppléer au manque absolu de prairies naturelles.

C'est encore pendant cette période de transition que toutes les meilleures terres du domaine ont été converties en prés ; nous nous plaisons à reconnaître que le gazonnement a bien réussi, malheureusement ces prés ne reçoivent qu'une quantité tout à fait insignifiante d'eau, lorsque les pluies viennent exhausser le niveau habituel du réservoir.

Depuis 1863, le Boisseret a passé de la période de création, qui ne pouvait accuser que des dépenses, à la période de production ; c'est aussi dès lors que M. Vachia a commencé à ramener ses terres à un assolement de cinq ans,

Comprenant :

Une première sole cultivée en pommes de terre, betteraves, carottes, colza, fourrages verts ou jachère ;

Une deuxième en blé ;

Une troisième en trèfle ;

Une quatrième en blé ;

Une cinquième en jachère et avoine.

On fait jachère sur toute la partie consacrée à porter du colza l'année suivante.

Pendant la durée des jachères, la terre reçoit plusieurs labours profonds, donnés avec la charrue de Roville ; la Commission a constaté avec plaisir qu'ils étaient très bien exécutés.

Les diverses soles de l'exploitation sont desservies par une route de grande vicinalité et par des chemins d'exploitation créés par M. Vachia, qui n'ont pas coûté moins de 3,000 francs.

Le Boisseret, aujourd'hui d'une surface de 147 hectares, se subdivise comme suit :

Prairies naturelles	20ʰ 82
Terres arables...................................	107 18
Vignes..	» 40

A reporter......... 128ʰ 40

Report.......... 128^h 40

Bois à défricher .... 6^h »)
Bois à conserver .... 6 »)   15 »
Chemins et bâtiments 3 60

Total égal............ 147^h »

En parcourant les diverses pièces du domaine, la Commission a pu s'assurer que les prairies naturelles, quoique préparées avec soin et placées après des récoltes sarclées et fumées, n'étant pas suffisamment arrosées, ne peuvent promettre d'abondantes récoltes; de plus, il sera toujours nécessaire d'entretenir leur fécondité par des terreautages ou des arrosements avec du purin.

Les trèfles, bien que placés sur un sol chaulé, se ressentaient de la prolongation de la sécheresse.

Les betteraves laissaient à désirer.

Les carottes et les pommes de terre étaient de bonne venue.

Les céréales promettaient en général une récolte moyenne.

Le colza seul, surtout la variété à parasol, présentait une récolte hors ligne.

Le Boisseret n'est point situé dans une position où prospère la vigne; M. Vachia, en en plantant 40 ares, a essayé de se procurer sur place du vin pour les besoins du ménage. L'exposition a été bien choisie, la préparation du terrain, le défoncement, la plantation ont été faites avec soin, et jusqu'à présent cette vigne donne les meilleures espérances.

M. Vachia livre au marché : du colza, des céréales, des bêtes à cornes grasses, des porcs et des volailles.

La comptabilité tenue au Boisseret a subi, comme l'exploitation, deux périodes.

Pendant celle de création, où la dépense a toujours dépassé les produits, M. Vachia en a été chargé et la Commission n'a point eu connaissance de ses résultats, sauf pour la constitution du capital d'exploitation.

Pendant la deuxième période, commencée en 1863, la comptabilité a été confiée à un jeune régisseur sorti de l'école du Montceau; elle est claire et bien tenue, malheureusement elle comprend la seule année de 1864; les résultats qu'elle accuse donnent un produit de 10,005 fr. 89 c., représentant le service des capitaux engagés dans l'exploitation.

M. Vachia fournit sur ce sujet les chiffres suivants :

Acquisition des terres du domaine	39,000 fr.	»
Constructions	42,000	»
Chaulage	19,855	»
Création d'un chemin d'exploitation	3,000	»
Total............	103,855	»
Cheptel de toute nature pour 1864...........	46,638	40
Total général...............	150,493 fr. 40	

Ces chiffres, on doit l'avouer, sont tout à fait insuffisants pour faire connaître le prix de revient du domaine actuel du Boisseret.

Il suffit, pour s'en convaincre, de remonter à l'origine de la propriété, qui n'était autre qu'un bois-broussailles; pour l'amener à produire, il a fallu douze ans de travail, pendant lesquels on a constamment fourni de nouveaux fonds, sans jamais couvrir les intérêts des capitaux déjà engagés.

Il faudrait donc, pour arriver à la vérité, additionner, au 31 décembre 1863, tous les capitaux engagés non-seulement pour acquérir, chauler et construire, mais encore pour défricher, fumer et mettre en culture.

Ces capitaux seraient augmentés de la portion des intérêts perdus pendant cette longue période de création qui s'est terminée à la fin de 1863.

Alors seulement on pourrait connaître le prix de revient du Boisseret et dire si l'opération a été bonne, si les revenus indiqués pour 1864 correspondent avantageusement aux sommes engagées dans l'exploitation.

En terminant, on croit devoir faire observer que les surfaces consacrées à l'alimentation du bétail sont loin de suffire au besoin du domaine; jusqu'à ce jour les récoltes ont pu vivre aux dépens des détritus organiques accumulés depuis des siècles dans ce sol boisé; mais le moment approche où l'on ne devra plus compter sur cet humus, rapidement absorbé par les racines des plantes, sous l'action puissante de la chaux.

La quantité d'engrais donnée à la terre par période de cinq ans, et qui varie de 12 à 20,000 kil., est évidemment insuffisante pour renouveler les forces de la terre fatiguée par cinq cultures plus ou moins épuisantes.

Ne pouvant compter sur des récoltes exceptionnelles de prairies naturelles et de trèfles, ayant des surfaces assez restreintes de racines et de fourrages verts, M. Vachia doit se hâter de former des luzernières sur les meilleures terres du domaine pour augmenter dans de larges proportions ses ressources en engrais.

C'est à ce prix seulement que M. Vachia pourra espérer un succès agricole durable et fructueux.

La Commission se plaît, toutefois, à reconnaître que M. Vachia, en transformant les mauvais bois qu'il avait acquis à vil prix de l'Etat en terres productives ; en créant au milieu de ces vastes surfaces, depuis si longtemps abandonnées, depuis si longtemps sans valeurs, le beau domaine du Boisseret ; en préconisant par l'exemple l'utilité d'un assolement alterne, l'abandon de la jachère, la culture du trèfle et des racines ; en faisant connaître l'emploi et le maniement des bons instruments de culture, la nécessité des labours profonds, les effets des amendements calcaires ; en construisant enfin de vastes étables peuplées d'animaux de choix, M. Vachia, disons-nous, a rendu de véritables services à l'agriculture. Aussi le Jury a-t-il choisi pour l'honorer d'une *grande médaille d'or,* la mise en valeur de terrains improductifs, cause première de la transformation du Boisseret.

M. PETIOT Abel.

En visitant les Grands-Lourdons, qui font partie des communes de St-Berain et de St-Marc de Vaux, on est forcé de reconnaître la puissance du capital, sur une exploitation agricole, pour arriver à la production à bon marché. M. Abel Petiot l'avait sans doute compris lorsque, en 1854, il s'en rendit acquéreur.

Les Lourdons n'avaient en effet, à ce moment, aucun des agréments qui engagent un capitaliste à immobiliser une grosse somme pour obtenir un faible revenu.

Situé à 468 mètres au-dessus du niveau de la mer, placé sur la croupe d'une montagne, sur laquelle on arrive par des chemins à fortes pentes en mauvais état, éloigné des grands centres, en dehors des voies économiques de communication, ce domaine, avec ses constructions en ruine, présentait pour seul attrait, à l'acquéreur, un fermage de 2,100 francs.

M. Abel Petiot en a jugé autrement; sa vieille expérience lui a fait entrevoir que cette vaste exploitation, de tout temps privée d'un capital suffisant, payerait largement les avances qu'on lui consacrerait.

Le sol du domaine des Grands-Lourdons est accidenté; le sommet du mamelon, où sont installées les constructions, présente une surface presque plane, puis l'inclinaison, d'abord légère, descend sur des pentes de plus en plus rapides, de 30 à 40 degrés, pour arriver au fond du vallon.

Les terres de l'exploitation sont uniformément de nature granitique, mêlées à un peu d'argile, le sous-sol en est perméable; la nature de la couche arable indique assez que les cultures ont surtout à craindre les chaleurs prolongées; l'eau abonde dans les bas-fonds, mais elle manque sur la hauteur, et c'est à grand'peine et à grands frais qu'on est parvenu à amener une source dans la cour de ferme.

La nature plus ou moins tenace des terres avait fait admettre deux assolements coutumiers dans ces régions élevées; le seigle, qui en formait la base, était suivi d'une jachère dans l'assolement biennal, tandis que dans le triennal l'avoine succédait au seigle avant d'arriver à la jachère.

Le fermier de 1854, avec un cheptel de 6 bœufs, 6 vaches et 60 moutons de petite race, avait restreint ses cultures aux meilleures pièces du domaine; le surplus, abandonné à lui-même, se couvrait de mauvaises herbes et de genêts, que parcouraient les moutons; de loin en loin ces maigres pâturages étaient rompus pour y prendre une récolte d'avoine.

Les prairies naturelles occupaient le fond du vallon, les laiches les avaient envahies, elles rendaient peu de foin, de mauvaise qualité.

Enfin, les constructions très restreintes, couvertes en chaume, mal entretenues, demandaient de grandes réparations.

Tel était l'état des fermes des Grands-Lourdons lorsqu'en 1856, le bail arrivant à terme, M. Petiot en prit la direction.

En se chargeant de cette vaste exploitation, il était difficile de se dissimuler que tout était à faire. Voulant arriver au plus tôt à une culture intensive, il fallait dès le début fournir à la terre l'élément calcaire qui lui manquait et augmenter dans de larges proportions les provisions d'engrais laissées par le fermier sortant. Cet engrais devait, avant tout, être utilisé pour produire des fourrages.

M. Petiot avait aussi à augmenter les animaux de trait pour exécuter simultanément les travaux des champs et faire de nombreux transports.

Aucune de ces difficultés n'a arrêté M. Petiot; il a acheté des animaux et transporté simultanément de la chaux, de l'engrais, des amendements et des fourrages.

Déjà, dans une autre ferme, qu'il tenait à bail, il avait reconnu les importantes ressources qu'on peut tirer de la culture de la luzerne; son premier soin fut de l'introduire aux Lourdons et de la placer sur les meilleures pièces du domaine; toutefois, il n'a pas fallu moins de trois ans pour préparer la terre à la recevoir.

La première année, des labours de défrichements ou de jachères ont précédé le chaulage; le froment ou le seigle de la deuxième année a été semé sur fumure; les plantes sarclées de la troisième année ont pareillement été fumées; enfin est venue la luzerne, semée dans de l'avoine de printemps.

Toutes les terres du domaine ont reçu cette préparation; la chaux a été répandue à raison de 90 à 160 hectolitres à l'hectare; les deux années de fumures comportaient 96 mètres cubes d'engrais par hectare, mais M. Petiot avoue qu'il n'a pas été possible de fournir cette quantité avant 1864.

En même temps que les champs étaient amendés et améliorés, les prés humides furent drainés, puis rigolés; on convertit en prairies naturelles toutes les pièces qu'il était possible d'arroser ou dans lesquelles on pouvait former des pâturages.

Enfin M. Petiot s'est occupé avec succès de repeupler un bois de 41 hectares; les essences résineuses qu'il y a semées et transplantées, surtout les pins Laricios, sont en bonne végétation.

Au moment où la Commission a visité les Grands-Lourdons, la contenance totale du domaine, de 453 hectares 50 ares, se décomposait comme suit :

Ferme à métayage .... 70 hect. » ⎫
Bois à feuilles annuelles.............. 219 id. 50 ⎬ 315^h 50^c
Bois résineux, semés en pin sylvestre... 26 id. » ⎭

A reporter........ 315^h 50^c

$$\text{Report} \ldots \ldots \quad 315^{\text{h}} \ 50^{\text{c}}$$

Exploitation pour laquelle M. Petiot concourt :

Bois résineux, plantés en différentes espèces..	41 h	»		
Prés anciens et nouveaux.........	15 h	»	34 50	138 h »
Pâturages anciens et nouveaux. ...	19 50			
En culture	62 50			

$$\text{Total égal} \ldots \ldots \quad 453^{\text{h}} \ 50^{\text{c}}$$

Les terres en culture se subdivisent ensuite :

En luzerne, de 1 à 5 ans.............	23 hect.	»	28 h 50 c
Préparées pour être semées en 1865....	5 id.	50	
Luzernes louées depuis 2 ans.....................		8 »	

$$\text{Total en luzerne} \ldots \ldots \quad 36^{\text{h}} \ 50^{\text{c}}$$

Le surplus des terres en culture, comprenant 34 hectares, n'a pas été soumis à un assolement régulier ; on emploie l'engrais disponible sur les plantes sarclées, pommes de terre, betteraves, colza et navettes, un froment leur succède, puis, selon les circonstances, on met un second froment, suivi de seigle ou d'avoine.

En résumant les diverses cultures de M. Abel Petiot, on trouve :

En prairies naturelles..................	34 h 50		
En luzernes du domaine................	23 »	65 h 50 c	
En luzernes louées	8 »		
En luzernes en préparation		5 50	

$$\text{Total} \ldots \ldots \quad 71^{\text{h}} \ \text{»}$$

Il reste en culture 35 hectares, soit un peu moins du tiers du domaine.

Les bâtiments d'exploitation ont été l'objet d'importantes améliorations ; il a fallu en construire de nouveaux, élever et réparer les autres, remplacer le chaume par la tuile, enfin loger le personnel de l'exploitation.

Tous ces travaux ont été exécutés avec une sage économie ; les écuries sont vastes, les étables convenables, enfin les toits à porcs sont établis sur les meilleurs modèles.

La cour de ferme est peut-être un peu étroite pour une exploitation aussi importante ; les places à fumier et la fosse à purin sont placées au milieu.

Sous un hangar sont remisés les instruments de culture et une machine à battre de Damais.

Dans les écuries et les étables, la Commission a trouvé installé un nombreux bétail; on comptait au moment de la visite :

46 têtes de gros bétail et quelques veaux.

12 chevaux de tout âge.

388 moutons et brebis.

18 porcs.

Toutes les bêtes à cornes, à l'exception d'une étable de 7 vaches et un taureau de race bretonne, sont charollaises.

Les chevaux, les juments et les poulains proviennent du croisement de la race du pays avec des étalons percherons et anglo-normand.

Les bêtes à laine forment deux troupeaux de charollaises améliorés par sélection et de charollais south-down; les produits de ce dernier croisement sont bien réussis.

Les truies sont croisées bressannes-charollaises, les verrats demi-sang yorkshire ou yorkshire purs.

Tous ces animaux, élevés sur la ferme, sont bien choisis et reçoivent des soins intelligents : leur principale nourriture consiste en luzerne verte ou sèche, distribuée à l'étable ; l'hiver elle est mélangée à la paille dans diverses proportions; les moutons et les poulains vivent au pâturage d'avril à novembre; souvent, dans l'arrière-saison, on conduit aussi les jeunes animaux sur les prairies.

L'exploitation des Lourdons produit surtout des animaux d'élevage; les porcs et les moutons seuls sont livrés à la boucherie; les jeunes bœufs ne restent pas dans les étables au-delà de trois ans; à cet âge ils sont vendus, au prix de 600 fr. la paire, à d'autres exploitations de M. Petiot.

Les vaches bretonnes fournissent un excédant de lait au ménage; celui produit par les charollaises sert exclusivement à l'entretien des veaux, pendant 6 ou 7 mois.

Nous ne pouvons quitter la cour de ferme sans signaler la volaille de choix, entretenue par le propriétaire; la race de Houdan s'y trouve représentée par de bons sujets ; nous avons aussi trouvé aux deux Lourdons de nombreuses ruches, convenablement installées.

La comptabilité, tenue par M. Petiot fils, mérite une mention toute particulière ; avant d'en extraire quelques chiffres, nous la signalerons à l'attention des agriculteurs, à cause de sa clarté et surtout de sa simplicité.

Le chef de culture en est le principal agent, il n'a pas besoin pour cela de beaucoup de science ; chaque soir il inscrit sur un agenda les opérations de la journée, en indiquant à quel travail les hommes et les animaux ont été employés.

Sur un second livre il inscrit les journées des étrangers, le compte des domestiques, les dépenses diverses et les ventes.

Tous les quinze jours ce brouillard est remis à M. Petiot, qui en porte le détail au journal, puis au grand-livre.

Au 11 novembre l'inventaire est dressé, chaque compte balancé. Le compte Profits et Pertes laisse voir alors les bénéfices et les pertes de chaque opération et le résultat financier final de l'année.

Il ressort de cette comptabilité que le capital immobilisé dans l'exploitation au 11 novembre 1864, en acquisitions, constructions et avances aux cultures, serait de 85,000 fr., et que le cheptel en bestiaux et instruments s'élèverait, à la même date, à 42,248 fr. 90 c.

On trouve encore que les opérations de 1856 à 1860 ont à peine couvert l'amortissement du chaulage, le défrichement et le fermage payé par l'ancien tenancier. Dès lors les revenus vont en progressant.

Ainsi, en 1860, le produit net représentant le fermage s'élevait à .... 5,057 fr. 55 c.

En 1861, à 2,876   55

En 1862, à 4,632   90

En 1863, à 7,661   15

En 1864, à 7,944   65

Déjà ces résultats sont satisfaisants ; mais pour que la culture intensive, que poursuit aux Lourdons M. Petiot, donne des résultats uniformes et assurés, il doit au plus tôt asseoir ses améliorations sur un assolement plus suivi, sur un système de culture qui domine l'influence désastreuse de la sécheresse.

Il nous a semblé, par exemple, qu'on s'est trop hâté de placer des luzernes sur un sol nouveau, la luzerne demande avant tout un terrain humeux et profond ; celles placées dans les terres du fermier, quoique anciennes, ont conservé de la vigueur, tandis que les nouvelles, envahies par les mauvaises herbes et la mousse, sont frappées d'impuissance presqu'en naissant.

Peut-être ne soigne-t-on point assez les labours, les défoncements, les épierrements ; ces diverses opérations sont d'une grande importance, surtout dans les terrains qui craignent la sécheresse ; c'est à ces circonstances qu'on a cru devoir attribuer l'infériorité de quelques récoltes de l'exploitation.

Enfin, en se rappelant que la luzerne est aux Lourdons la base de tout le système alimentaire du nombreux troupeau qui s'y trouve, la Commission a été frappée du peu de fond que l'on doit faire sur cette culture, dont on livre la première et la dernière pousse à la dent meurtrière du mouton ; en ce moment l'exploitation tire un puissant secours des 8 hectares de luzerne de la plus belle venue, louées dans la plaine, mais le bail de ces terres va expirer, il est temps de prévoir le moment où on sera privé de cette importante ressource fourragère.

La Commission a vu avec intérêt l'exploitation des Lourdons ; elle constate que d'importantes améliorations ont été réalisées et qu'elles donnent déjà des résultats satisfaisants.

C'est donc pour encourager M. Abel PETIOT dans la voie des progrès agricoles où il est résolûment entré, que le Jury lui décerne une *grande médaille d'or*, pour son élevage et sa comptabilité.

M. le comte D'ESTERNO.

La terre de la Vesvre , que M. le comte d'Esterno a présentée au concours, est située à neuf kilomètres d'Autun, sur la commune de la Selle.

Lorsqu'à la suite d'arrangements pris avec Mme la comtesse veuve d'Esterno , sa mère , M. d'Esterno en prit l'administration , il y a vingt-cinq ans, cette propriété comprenait des plaines et des coteaux cultivés par dix-sept fermiers , des plaines , des collines et des montagnes boisées.

Il résulte des plans et relevés du cadastre que cette terre, aujourd'hui d'une surface de 1,100 hectares , comptait alors un grand nombre d'enclaves, qui n'existent plus.

Vesvre est posée sur un terrain porphyrique ; on sait que le sol qui constitue ces roches est généralement peu fertile. Placé à une grande élévation au-dessus du niveau de la mer , environné de montagnes boisées, le climat en est froid, et l'hiver prolongé.

La production des céréales est la base de l'agriculture locale; l'assolement à deux mains, qui était le seul connu, se modifie peu à peu; à mesure que l'usage de la chaux se répand, une partie de la jachère est remplacée par des plantes sarclées ou des trèfles.

La terre de la Vesvre a subi d'importantes modifications depuis que M. d'Esterno s'est chargé de son administration.

Les bois occupaient les plaines, et les coteaux étaient livrés à la culture; la terre, constamment descendue par la corrosion des eaux et les labours, s'accumulait au bas des pentes, tandis que les crêtes, peu à peu dénudées, devenaient improductives.

La plaine, au contraire, couverte de bois depuis des siècles, avait accumulé de riches détritus organiques qui ne demandaient qu'à être utilisés; ils présentaient en outre une culture facile.

Les fermes anciennes, privées de prairies naturelles, entretenaient de petits troupeaux qui cherchaient pendant la belle saison leur nourriture sur la jachère et dans les bois, et se nourrissaient de paille l'hiver.

Dans ces conditions, cette vaste surface de plus de 500 hectares de terre ne rendait au propriétaire qu'une somme de 10,000 fr.

En parcourant, longtemps avant l'époque dont nous parlons, ces cultures et ces bois, M. d'Esterno avait été frappé de l'aspect désolé de ces collines dénudées frappées de stérilité; il s'était souvent demandé s'il n'y aurait pas moyen de boiser les coteaux et rendre à la culture une partie des plaines alors en taillis.

Cette transformation s'est dès lors accomplie : des bois d'essences résineuses, des plantations de chênes de différents âges, couvrent plus de cent hectares de collines, de coteaux et de bas-fonds, et cent hectares de bois défrichés dans la plaine ont été réunis aux fermes anciennes, ou en ont formé de nouvelles.

Constatons que cette opération bien conçue a été économiquement exécutée.

M. d'Esterno nous apprend en effet que les plantations de chênes lui sont revenues à 15 fr., celles de pins maritimes à 28 fr.; quant aux défrichements, ils s'opéraient à raison de 120 fr. par hectare.

Aujourd'hui, les premières plantations de chênes, qui remontent au plus à 25 ans, ont une belle venue et promettent les meilleurs résultats.

Les pins maritimes ont moins bien réussi, et semblent frappés d'une vieillesse anticipée.

Si nous louons sans réserve les plantations exécutées par M. d'Esterno sur les parties élevées du domaine, si nous le félicitons de la belle installation des routes de service qui conduisent sur tous les points de ses vastes forêts avec une pente douce et régulière, nous devons reconnaître qu'il a été moins bien inspiré dans l'extension donnée à ses défrichements; en les restreignant aux meilleurs fonds, on aurait évité une partie des constructions nouvelles établies à grands frais; on aurait conservé en bois des terrains trop siliceux qui tôt ou tard devront être reboisés, et qu'on cultive à pure perte.

Les plantations de M. d'Esterno, encore à l'état d'entretien, n'ont point été mises en coupes réglées; les anciens bois sont aménagés à 22 ans en taillis à coupes blanches; on calcule leur rendement à 24 francs par an dans les plaines et à 18 francs dans les montagnes, par hectare.

On pratique aussi à la Selle, comme en général dans tout l'Autunois et le Morvan, une exploitation dite *en hyssards :* elle consiste à prendre tous les six ans un tiers du bois; c'est un jardinage régulier. Les taillis à larges clairières de genets, ceux à laudes sont exploités dans ces conditions. Sur chaque souche on trouve des bois de trois époques espacées de six en six ans; le tiers des brins arrivés à leur dix-huitième année est exploité, le surplus est conservé.

On comprend l'avantage d'un aménagement qui rapproche les coupes, pour la petite propriété, mais on ne voit pas l'utilité du hyssard dans des forêts considérables, dans un pays où la propriété est peu divisée, où le pâturage des bois est permis, et où le rapprochement des coupes met, pendant trois et même six ans sur dix-huit, de jeunes pousses à la disposition de la dent destructive des moutons.

M. d'Esterno avait réalisé une importante amélioration, sans doute, en plaçant dans la plaine ses terres à culture, mais il les avait éloignées des anciennes constructions, et il était urgent de pourvoir à leur culture.

C'est pour remplir cette lacune que cinq fermes nouvelles ont successivement été construites.

Ces fermes, parfaitement installées, ont été établies pour loger la récolte de 45 à 50 hectares, dont un tiers en fourrages; elles comprennent, outre l'habitation du tenancier, une cave à racines, un grenier, une grange, une étable pouvant loger de 20 à 25 têtes de gros bétail, un serre-tout, une porcherie, enfin un fenil et un gerbier; chaque ferme ouvre sur une vaste cour; toutes sont alimentées d'eau par un puits ; il ne manquerait à ces constructions , pour être complètes , qu'un hangar pour retirer les gros instruments d'agriculture, et, dans les cours, un nivellement plus régulier, des plates-formes à fumier et une fosse à purin; chacun de ces logements a occasionné à M. d'Esterno une dépense de 30,000 fr.

Nous reviendrons sur les conditions agricoles et financières dans lesquelles nous avons trouvé ces fermes, après avoir parlé des prairies qui forment une partie importante de leur ensemble.

La terre de Vesvre manquait absolument de fourrages; les prairies artificielles étaient alors inconnues; elles ne pouvaient, du reste, prospérer dans un sol où l'on ne rencontrait pas la plus petite trace de calcaire. Quant aux prairies arrosées , elles s'étaient établies naturellement dans les bas-fonds, et leurs produits de mauvaise qualité suffisaient à peine pour entretenir quelques animaux de travail.

Il fallait changer cet état de choses , sous peine de perpétuer les usages agricoles d'un autre siècle , sous peine de maintenir un fermage de 10,000 fr. pour plus de 500 hectares de fonds cultifs.

Dès 1840, M. d'Esterno avait fait étudier un système complet d'irrigation pour utiliser les eaux des rivières de la Canche et de la Petite-Verrière qui coupent sur divers points les terres de la Vesvre.

Ces études avaient fait reconnaître que si on était autorisé à traverser les enclaves et à appuyer les barrages sur la rive opposée appartenant à des tiers, il était possible d'arroser toutes les terres qui forment le vallon dans la direction d'Autun.

Aucune loi jusqu'alors n'avait réglé la jouissance des eaux et leur passage sur les propriétés voisines; il fallait vaincre ces difficultés ou abandonner tout projet d'amélioration, car on devait, dans l'ensemble des irrigations, passer sur un nombre considérable de parcelles enclavées, et appuyer presque partout les barrages sur une rive qui ne dépendait pas de la propriété.

Pénétré de l'utilité agricole d'une réforme législative sur cette importante matière, M. d'Esterno adressa en 1841 à la Conférence agricole de la Chambre des députés un mémoire renfermant les conditions d'une réforme complète.

La Conférence accueillit favorablement le travail de M. d'Esterno ; seulement elle réduisit sa demande à celle du droit de passage sur la propriété enclavée.

Ce projet de loi, présenté à la Chambre des députés par M. le comte d'Angeville, a conservé son nom.

Ce fut six ans plus tard, en 1847, que la Chambre reconnut le droit d'appui; dès lors il n'est plus nécessaire de posséder les deux rives d'un cours d'eau pour établir un barrage; lorsqu'on en possède une, on peut, moyennant une indemnité, l'appuyer sur la rive opposée.

Quant au droit de prise d'eau en amont, il ne fut point admis par la Commission chargée d'examiner cette importante question; espérons qu'il figurera dans le nouveau Code rural; c'est le seul moyen de rendre les irrigations à peu près partout possibles.

M. d'Esterno n'avait point attendu les modifications législatives qu'il sollicitait pour exécuter ses vastes plans d'irrigations; ainsi, comme nous l'avons dit ailleurs, il avait dû acquérir à grands frais les enclaves qu'il ne pouvait traverser.

Neuf barrages furent successivement établis sur la Canche et quatre sur la Petite-Verrière; ces prises sont combinées de manière à mêler à volonté les eaux peu fertilisantes de la Petite-Verrière à celles de la Canche qui le sont davantage.

Ces deux rivières fournissent en temps ordinaire 280 litres d'eau par seconde, mais pendant l'hiver elles roulent des masses d'eaux qui dépassent les besoins.

Le système d'irrigation de M. d'Esterno consiste à faire durer les irrigations pendant les grandes eaux, de 10 à 15 jours, puis de les suspendre pendant un laps de temps égal.

Les arrosages cessent pendant les neiges et les gelées; ils sont aussi interrompus en mars et avril, de crainte de développer une végétation trop précoce, que les gelées tardives endommagent presque toujours.

On force un peu l'arrosage vers la fin d'avril; dans la belle saison, on se contente de tremper les prés tous les quinze jours, en les couvrant d'eau pendant vingt-quatre heures.

Aujourd'hui, 212 hectares de prairies sont uniformément arrosés, celles en pentes, au moyen de rigoles à reprises d'eau, celles en plaine, par immersion.

La surveillance de ces irrigations est confiée à un homme spécial, qui dirige les eaux, surveille et fait réparer les travaux d'art.

Le soin de renouveler les rigoles des prés est à la charge du fermier; l'entretien des canaux de dérivations, celui des prises d'eau, sont exécutés par le propriétaire.

Ces prés ne sont fauchés qu'une seule fois, vers la fin de juin; la seconde pousse est consommée sur place. On suspend le pâturage pendant les irrigations, pour ne pas détériorer le gazonnement.

Le produit moyen de ces prairies est de 2,700 kilog. par hectare, outre le pâturage de juin à octobre, évalué au cinquième du produit en foin.

M. d'Esterno estime de 400 à 500 fr. par hectare les frais d'une irrigation bien faite; la dépense de l'ensemble de ses travaux s'est élevée à 120,000 fr., non compris l'acquisition des enclaves, qui a coûté à peu près la même somme.

Ces vastes prairies que nous avons admirées à la Selle, à l'exception d'une petite réserve, sont réparties entre les 21 fermiers qui se divisent l'exploitation de la Vesvre.

Depuis leur création, les fermes ont toutes été reconstituées sur de nouvelles bases, et, il faut le reconnaître, M. d'Esterno, en rédigeant les conditions de ses baux, s'est inspiré des préceptes d'une agriculture en progrès.

En parcourant au hasard une de ces conventions, qui toutes sont rédigées sur le même modèle, on trouve que la moitié au plus et un tiers au moins du domaine est formé de prairies naturelles soumises à l'irrigation; ces prairies, qui sont simultanément fauchées et pâturées, doivent être entretenues par le fermier, et, par une clause expresse, il lui est défendu de laisser paître le gros bétail à l'époque des arrosages et depuis le 15 mars, et de jamais y conduire des oies ou des moutons.

Les terres sont soumises à un assolement de cinq ans, comprenant un cinquième des terres en récoltes sarclées, fumées et chaulées à raison de 50 hectolitres à l'hectare; un cinquième en blé, dans lequel on sème du trèfle au printemps; un cinquième en trèfle; un cinquième en blé; enfin, un cinquième en sarrasin ou avoine.

Dans les terrains de la Selle, le chaulage est une nécessité; c'est seulement sur le sol chaulé qu'il est possible d'obtenir du trèfle. Le chaulage est donc une conséquence forcée de l'assolement alterné adopté par M. d'Esterno.

Avec un changement aussi radical que celui apporté à la culture de la terre de la Vesvre, il eût été difficile aux anciens fermiers de pourvoir à l'augmentation considérable de bétail que nécessitait l'accroissement des ressources fourragères; aussi M. d'Esterno a-t-il dû élever le montant de l'ancien cheptel.

Aujourd'hui, la moitié ou les 5/9mes du cheptel est fournie par le propriétaire; le surplus l'est par le fermier, qui doit toujours avoir dans ses étables la représentation en bestiaux du double du cheptel avancé par M. d'Esterno.

Nous ne pousserons pas plus loin ces citations; nous dirons seulement que, par une clause spéciale, l'entrée des bois hyssard est interdite au bétail.

Les fermes soumises aux conditions que nous venons de citer sont pourvues d'un nombreux bétail en bœufs de travail, vaches, élèves, porcs et moutons; on y trouve un bon choix d'instruments; les labours y sont bien exécutés, et tout, dans l'intérieur de ces fermes, respire l'aisance et le bien-être.

M. d'Esterno résume lui-même les résultats de ses opérations agricoles. Dans un de ses mémoires, ce résumé nous apprend que les terres de la Vesvre rendaient, lorsqu'il en prit l'administration en 1840, non compris le revenu des bois, 10,000 fr.

Dès lors il a dépensé :

En acquisition d'enclaves et autres	120,000	»
Travaux pour la création des prairies et des irrigations.	120,000	»
Construction de cinq fermes	150,000	»
Boisement de 100 hectares	2,000	»
Défrichement de 100 hectares dans la plaine	12,000	»
Total du capital engagé	404,000	»

Au moyen de cette dépense, M. d'Esterno a porté le revenu de ses fermes de 10,000 à 28,000 fr.

Cette différence de 18,000 fr. au bénéfice de l'exploitation actuelle représente en chiffres ronds le 4 1/2 pour cent du capital engagé.

Si l'on considère les opérations agricoles de M. d'Esterno au point de vue du revenu, elles sont arrivées à des résultats assez satisfaisants; mais si l'on considère la plus-value que les travaux réalisés ont donnée à l'ensemble du domaine, on est forcé de reconnaître que les prairies seules ont plus de valeur que toutes les terres de l'ancien domaine.

Si l'on ajoute à ces considérations, purement financières, les heureux résultats que l'exemple donné par M. d'Esterno a eu sur l'agriculture de l'arrondissement d'Autun, on ne pourra que le féliciter de ses utiles travaux. Ses vues, lorsqu'il a demandé aux Chambres de compléter les lois existantes sur l'irrigation, s'étendaient bien au-delà de ce qu'il a réalisé ; s'il n'a pu mettre en pratique ses vastes projets, il a prouvé par ses belles créations de prairies de la Vesvre qu'il savait exécuter ce qu'il avait conçu.

C'est pour récompenser ces utiles travaux que le Jury a décerné à M. le comte D'Esterno une *médaille d'or grand module* pour ses belles et importantes créations de prairies, l'aménagement des eaux et ses irrigations.

M. DESVIGNES Philibert.

Sur un coteau, en face de vignobles, de moulins à vent, Romanèche, Morgon et Thorin, se trouve l'exploitation viticole des Jean-Loron.

Ce domaine de famille, d'une surface de 28 hectares 50 ares, est échu en partage à M. Desvignes en 1851. Le vigneronnage avait été appliqué aux 20 hectares de vignes et 7 hectares de prés qui, avec les cours et jardins, en formaient l'ensemble.

En prenant possession de cet héritage, M. Desvignes fut frappé du faible rendement des vignes et surtout de l'irrégularité de leur produit ; il crut en reconnaître la cause dans le peu de profondeur du sol, de nature porphyrique à sous-sol rocheux, dans la qualité des cépages, enfin dans la faible quantité d'engrais consacré à ce vignoble.

C'était sans doute beaucoup d'avoir découvert la cause du mal, mais il fallait trouver le moyen de défoncer le sol, le regarnir de cépages de choix et lui donner une plus forte proportion de fumier.

Pour y arriver aussi économiquement que possible, M. Desvignes reprit quelques hectares de vignes qu'il cultiva lui-même, puis il réduisit de 2 hectares 1/2 à 2 hectares la surface confiée à chacun de ses vignerons ; enfin il stipula dans les nouveaux baux certaines clauses que nous croyons devoir reproduire, parce qu'elles ont eu une heureuse influence sur l'amélioration de ce domaine :

« Les vignerons jouiront d'un hectare de prés, foin et regain
« compris ; si la provision ne suffit pas, le surplus sera acheté et
« payé de moitié, à condition de tenir deux vaches.

« Les journées faites pour le propriétaire seront payées 1 fr. 50
« par jour du 1er octobre au 1er avril, et 2 fr. 50 du 1er avril au 1er
« octobre.

« Il pourra être acheté par vigneronnage pour 100 francs d'engrais
« payé par moitié entre le maître et le vigneron, pour fumer soit
« les vignes, soit les prés.

« Le vigneron paiera le tiers des échalas; en compensation, il ne
« paiera point de chapons et pourra vendre les siens; mais le maître
« aura la préférence avant tous autres acheteurs à 5 fr. le millier.

« La paille sera fournie pour l'entretien de deux belles vaches et
« payée par le propriétaire, soit 80 quintaux environ.

« Pour toute condition, le vigneron paiera 300 francs. »

Nous ne pousserons pas plus loin ces citations, afin d'éviter des
longueurs; nous dirons seulement que huit vignerons de M. Desvignes
sont convenablement logés; que chacun d'eux renouvelle annuellement 8 ares de vignes anciennes. Ils exécutent sans rétribution les
travaux de défoncement, de drainage et de plantation; mais, lorsqu'il
y a des roches dures à enlever, chacun d'eux entre pour la moitié
dans les faux frais qu'occasionne leur enlèvement.

Le propriétaire des Jean-Loron a pu renouveler ainsi 4 hectares de
vignes; toutes sont plantées en lignes, dans le sens de la plus grande
pente sur billons de 3 à 4 mètres de largeur; les ceps sont mis à la
distance de 0m90 centimètres sur 0m65.

Il est résulté des essais comparatifs tentés sur diverses variétés de
gamais, que le nicolas est celle qui, tout en donnant un produit avan-
tageux, conserve au vin le plus de couleur et de bouquet; on serait
même disposé à croire, en dégustant les produits de ce cépage, que
le nicolas n'est qu'une transition du pineau au gamais.

Du reste, cette variété a pris faveur dans le Mâconnais, et longtemps à l'avance, toutes les crocettes disponibles sont retenues pour
garnir de nouvelles plantations.

On le voit, M. Desvignes n'a pu jusqu'à ce jour renouveler que
1/5e de ces anciennes plantations; il va longtemps encore avant qu'il
ait achevé son œuvre : aussi a-t-il été bien inspiré en soumettant le
surplus des vignobles à des améliorations successives, qui déjà portent
leur fruit; quelques parcelles humides ont été drainées, d'autres
partiellement regarnies, toutes sont fumées par quart à raison de
30 mètres cubes par hectare : aussi les produits moyens qui, en
1851, étaient de 30 à 33 hectolitres par hectare, ont été portés à 50 et

même 55. Cette augmentation, qui n'a en rien préjudicié à la qualité du vin, a eu pour résultat immédiat d'apporter l'aisance chez les vignerons et de les encourager dans la voie des améliorations.

M. Desvignes s'est réservé la direction des opérations de culture, seul il est juge de l'époque la plus convenable pour donner les façons à la terre et aux ceps. En général, on profite des beaux jours d'automne ou de l'hiver, pour regarnir par le provignage les vieilles vignes; on donne, de mai à juillet, trois labours : le premier, à la profondeur de 0m20 centimètres; les deux autres sont de simples binages. Souvent, lors de la première culture, les pieds des jeunes vignes sont déchaussés et maintenus dans cet état jusqu'à la deuxième façon. — La durée d'une vigne est de 35 à 40 ans.

Les plantations nouvelles, faites à la coudée, ne sont soumises à la taille qu'à la troisième feuille; pendant la durée de la végétation, les pousses de l'année ne reçoivent ni ébourgeonnage ni pincement; vers la fin de juin, elles sont relevées, rognées et attachées à l'échalas, s'il en existe, ou deux à deux, si déjà ils ont disparu ; on se sert pour faire ces ligatures de liens d'osier, qui résistent beaucoup mieux que ceux de paille à l'action du vent.

L'échalassement ne paraît pas être une nécessité dans le département de Saône-et-Loire; on se contente d'en placer au pied des jeunes vignes; ils durent ordinairement jusqu'à la dixième année, et lorsqu'ils sont usés on ne les renouvelle pas.

Les vignes de Jean-Loron sont desservies par des chemins d'exploitation soigneusement entretenus; les cunettes placées de chaque côté réunissent les eaux qui découlent des drainages partiels et surtout du billonnage des terres; ces eaux ainsi réunies, augmentées de celles tirées d'un ruisseau voisin, sont répandues au moyen de rigoles à niveau sur la prairie.

L'outillage des caves et celliers de M. Desvignes répond à l'importance de son vignoble; on ne compte pas moins de 18 cuves, 2 pressoirs troyens, 1 pressoir lyonnais ordinaire, 2 modifiés.

Le raisin recueilli dans des brindes est foulé avec soin, puis versé dans un cuvier placé sur un char; de là il passe dans une grande cuve, qu'on remplit dans la journée ; 36 heures ou 40 heures après, cette cuve est pressée, le vin est partagé sous le pressoir.

M. Desvignes encave son vin dans des futs neufs; le premier transvasage se pratique en janvier, le deuxième en mai, le troisième en août. C'est alors que commencent les livraisons, au prix moyen de 35 fr. l'hectolitre.

En comparant l'état des vignes de Jean-Loron avec celles des propriétaires voisins, on voit que déjà on a amélioré l'ancien état des choses; la comptabilité, de son côté, accuse un bénéfice net réalisé en 1864, de 8,960 francs. M. Desvignes est cependant bien loin encore du but qu'il s'est proposé d'atteindre; un cinquième seulement de ses vignes a été renouvelé, et celles qui l'ont été ne sont point encore soumises à un système de culture et surtout d'entretien en rapport avec le progrès réalisé de nos jours dans cette branche si importante de la production nationale. C'est ainsi que la Commission aurait aimé à trouver chez M. Desvignes des essais comparatifs entre l'ancien système de culture, qui prive pour ainsi dire les ceps de tous soins en niant leur utilité, et la viticulture moderne, qui prend le cep à sa première feuille pour lui continuer pendant toute sa durée la taille, l'échalassement, les ébourgeonnages, les pincements, le relevage et le rognage.

Domaine de la Bâthie.

M. Desvignes a présenté le domaine de la Bâthie comme une annexe de celui de Jean-Loron; acquis en 1857, au prix de 95,000 fr., il avait à craindre un excès d'humidité, et manquait de l'élément calcaire.

En en devenant propriétaire, M. Desvignes avait un but déterminé à l'avance : compléter en prés ses lots de vigneronnage, réduire la surface plantée en vigne soumise à l'influence des gelées tardives, améliorer les prés et les augmenter pour entretenir un nombreux bétail et fournir un supplément d'engrais au domaine de Jean-Loron, enfin féconder rapidement les terres cultivées de la Bâthie.

Pour exécuter ce programme et convertir la culture extensive des précédents tenanciers en culture intensive, M. Desvignes a dû simultanément assainir la terre par des fossés maintenus à ciel ouvert, utiliser la surabondance des eaux pour l'irrigation, enfin chauler les terres.

Les maisons trouvées au moment de l'acquisition n'étaient nullement appropriées au service qu'on allait exiger d'elles; il a fallu agrandir les étables, créer des écuries, une porcherie, construire des hangars, des fosses à purin, des places à fumier, enfin installer le service de l'exploitation.

On doit reconnaître que M. Desvignes a su tirer un excellent parti des anciennes constructions; les étables, la porcherie sont établies

58

sur un modèle nouveau; la cour est disposée de manière à réunir les divers services.

Au moment de la visite, on ne comptait pas moins de 63 têtes de bêtes à cornes de tout âge, des races normandes, bressannes, charollaises, durham et bretonne. On ne peut expliquer que par le désir d'obtenir beaucoup de prix dans les concours ce mélange de races si diverses.

En général, les animaux adultes étaient en bon état d'entretien, mais les élèves de 1 à 6 mois laissaient à désirer; sevrés trop tôt, ils accusaient une maigreur qu'on rencontre rarement chez les éleveurs du Charollais.

Tous ces animaux consomment simultanément de 6 à 10 kil. de pulpe et de 3 à 5 kil. de foin, outre la paille qu'ils prélèvent sur leur abondante litière.

La porcherie contenait un verrat, une truie, 4 porcs à l'engrais et bon nombre de porcelets de race charollaise.

Avec un troupeau aussi nombreux, habituellement entretenu à l'étable, M. Desvignes produit une quantité considérable de fumier et de purin soigneusement réunis sur des plates-formes et des fosses; les tas sont journellement arrosés. L'excédant du purin, mêlé à des matières fécales, est conduit sur les prairies naturelles et artificielles; la partie solide de ce dernier engrais est souvent employée directement sur les cultures. M. Desvignes est propriétaire d'une machine Lesage qui, on le sait, désinfecte les matières fécales par la combustion des gaz odorants; il achète à de bonnes conditions les fosses de Mâcon et se procure à vil prix le plus riche des engrais.

Les terres de la Bâthie comprennent maintenant :

3 hectares 82 de vignes conservées ;
13   «   85 de terres ;
13   «   66 de prés.

Le surplus du domaine est utilisé pour la cour et les constructions.

Les terres, à concurrence de 8 hectares, les prés de 2,66, ont été remis aux vignerons pour compléter leurs lots.

Le surplus a été soumis à l'assolement biennal ou à deux mains ; la moitié est annuellement ensemencée de froment; la seconde partie est emblavée en trèfle, betteraves, carottes et pommes de terre abondamment fumés.

Les betteraves sont vendues aux sucreries au prix de 18 francs les 1000 kil. On prend en échange la pulpe à 14 francs.

Le froment et le vin en dehors des besoins de l'exploitation sont livrés au marché; tout le surplus, réuni aux luzernes et aux fourrages des prés, sert à l'alimentation du bétail.

Les récoltes, au moment de la première visite, indiquaient par leur vigueur que la sécheresse n'avait point eu d'influence fâcheuse sur leur développement; on aurait désiré trouver les cultures sarclées dans un meilleur état de propreté : on s'explique difficilement, en effet, les motifs qui font retarder jusqu'au milieu de juin les nettoiements et les éclaircis si nécessaires surtout aux betteraves et aux carottes.

A la seconde visite, les céréales, rentrées et battues, avaient produit de 25 à 32 hectolitres à l'hectare; les betteraves et les carottes, malgré quelques vides, promettaient une abondante récolte; les luzernes, consommées en vert, livraient leur troisième coupe; la vigne, chargée de raisins, donnait une récolte saine, uniformément mûre et très abondante; les troupeaux, enfin, répandus sur les prairies depuis l'enlèvement de la seconde coupe, étaient tous dans un parfait état de santé.

Pour le domaine de la Bâthie, la comptabilité accuse encore un bénéfice net, assez important, de 9,848 francs. Pour expliquer une réussite aussi rapide et de pareils résultats, si rares en agriculture, on est forcé de constater que le domaine de la Bâthie a été acheté à des conditions très avantageuses; que, dans le courant de 1864, les primes obtenues dans les concours s'élèvent à 3,005 fr.; que la récolte de cet exercice est exceptionnelle; qu'enfin la comptabilité, plutôt commerciale qu'agricole, tenue par M. Desvignes, ne permet pas d'établir avec une grande exactitude le chiffre du bénéfice annuellement réalisé sur le domaine de la Bâthie.

La Commission se plaît à constater que M. Desvignes est entré résolûment dans la voie des améliorations; déjà il a obtenu sur les deux domaines un accroissement de récoltes remarquable et une progression suivie dans le revenu. Cette réussite est essentiellement due à son esprit d'ordre, à sa persévérance et à son activité intelligente.

Le Jury décerne avec empressement à M. Philibert DESVIGNES *la médaille d'or grand module*, qui est la récompense la plus élevée qu'il ait été en son pouvoir de lui accorder; il la lui décerne pour la bonne tenue de son domaine de la Bâthie, son troupeau de reproducteurs et les dispositions nouvelles de ses étables.

M. le vicomte De La LOYÈRE.

Nous venons d'étudier les exploitations de plusieurs concurrents du plus grand mérite ; leurs vastes et remarquables exploitations ont pendant plusieurs visites excité un vif intérêt chez tous les membres de la Commission.

Les résultats agricoles obtenus par MM. Vachia, Petiot, d'Esterno et Desvignes sont sans nul doute considérables, et, pour plusieurs d'entre eux, le Jury a pu regretter de n'avoir qu'une seule prime à décerner.

Il nous reste, pour vous initier à toutes les phases de cette lutte agricole, à vous faire connaître l'exploitation de M. Armand DE LA LOYÈRE, à qui le Jury, après un mûr et consciencieux examen, a décerné la *prime d'honneur* du département de Saône-et-Loire.

Le domaine de la Loyère est situé à 8 kilomètres de Châlons ; sa surface, lorsqu'en 1846, il échut en partage à M. le vicomte de la Loyère, était de 300 hectares.

Les terres en culture occupaient alors 197 hectares, les prés 17, les vignes 9, les bois 77.

Cet immeuble, à l'exception des bois et d'un clos spécial réservé autour du château, se trouvait divisé en corps de ferme, loué à prix d'argent ; il rendait net une somme de 16,000 francs par an ; il est encore soumis aujourd'hui, en grande partie, au même système de faire valoir.

Cette partie du domaine ne peut être présentée au Concours qu'à la demande des fermiers ; aussi n'a-t-elle été visitée qu'à titre de renseignements, pour reconnaître les améliorations signalées par M. de la Loyère.

Le sol des exploitations affermées et celui de l'ensemble de l'exploitation reposent sur un fond plat, quelquefois légèrement incliné ; ils sont de nature argilo-siliceuse, à sous-sol argileux, tout à fait imperméable. La culture en était difficile, on devait forcément se soumettre à l'assolement biennal ou à deux mains, suivi dans le pays, qui ramène uniformément les céréales après une jachère morte.

L'analyse des terres avait amené M. de la Loyère à reconnaître que le calcaire n'existait qu'accidentellement dans le sol ; il fallait donc lui procurer cet élément par des marnages ou des chaulages ;

la difficulté que présentait l'extraction de la marne, fit préférer l'emploi de la chaux.

Cependant les terres étant affermées en argent, il était de toute justice que le fermier, qui devait seul profiter de cette avance, contribuât à la dépense; aussi fut-il convenu entre M. de la Loyère et ses tenanciers qu'il leur fournirait la chaux à raison de 8 hectolitres à l'hectare, et qu'elle serait conduite, disposée et répandue sur le champ et enfouie par les soins du fermier, sous la direction du propriétaire, et qu'en correspectif de cette dépense, les pièces chaulées payeraient un supplément de location de 30 francs par hectare pendant la durée d'un bail de neuf ans.

La chaux, tirée des fours les plus rapprochés ou fabriquée sur place, revenait à un franc l'hectolitre.

Constatons que M. de la Loyère a été bien inspiré en réalisant cette importante amélioration; il est rentré largement dans ses avances; les fermiers, de leur côté en obtenant de belles récoltes, ont pu augmenter les engrais, diminuer les jachères qu'ils remplacent progressivement par des cultures sarclées et du trèfle; enfin, ils ont pu convertir en luzerne les meilleures parties de leurs exploitations.

En prenant la direction de son patrimoine, M. de la Loyère, nous l'avons dit, avait trouvé le domaine divisé en 14 fermes; toutes, sans exception, étaient occupées par d'anciens tenanciers qui, dans des temps difficiles, avaient acquis des droits à la reconnaissance de ceux qu'ils appelaient leurs maîtres.

Voulant occuper ses loisirs et faire de l'agriculture directe, il était difficile à M. de la Loyère d'allier les devoirs de la reconnaissance avec ses goûts, car il devenait nécessaire de priver quelques-uns des fermiers des terrains sur lesquels ils étaient nés et qu'une exploitation prolongée avait pour ainsi dire convertis en emphytéose.

Ce fut alors que M. de la Loyère résolut de dégager son château d'une partie des bois qui l'envahissaient; il avait jusque là résisté à cette transformation que nécessitait cependant l'hygiène des habitations et l'état cultural de l'ensemble du domaine.

Cette extension des terres au préjudice des bois avait en outre l'avantage d'offrir une compensation immédiate ou prochaine aux fermiers dépossédés de quelques parcelles, pour former l'exploitation directe du propriétaire.

Quoi qu'il en soit, M. de la Loyère, en portant la hache sur un des ornements de sa belle propriété, a su, en véritable artiste, conserver à l'ensemble de son parc des jours, des échappés grandioses qui laissent croire qu'en abattant ces chênes séculaires on a eu le désir d'embellir plutôt que de détruire.

C'est dans ces conditions que 50 hectares de bois ont été, en moins de quatre ans, rendus à la culture.

Le défrichement, opéré simultanément par le propriétaire, à prix d'argent, et par les cultivateurs du pays qui se contentaient pour tout salaire du bois trouvé en terre, a été pratiqué avec soin et presque sans frais.

M. de la Loyère a trouvé dans les gros bois de la forêt une ressource précieuse pour la confection des vases vinaires ; il a pareillement mis en réserve bon nombre de piquets pour l'échalassement de ses vignes.

Sur les 50 hectares défrichés, 20 restèrent dans la réserve personnelle du propriétaire ; le surplus, d'abord cultivé à moitié fruit, est rentré peu à peu dans l'ensemble des baux des fermiers, pour compenser les terres qui leur avaient été retirées pour la création d'une vigne.

Les terrains déboisés, déjà riches en phosphate de chaux, ont reçu, dès la première année, plusieurs labours profonds ; sur le dernier on a répandu 500 kilogr. de noir animal ; il coûtait à cette époque 4 fr. les 100 kil., le prix s'en est élevé successivement à 6 et 8 fr.

C'est sur cette préparation qu'ont été semées les premières céréales ; les résultats obtenus en pailles et en grains ont dépassé tout ce qu'on était en droit d'espérer d'un sol enrichi pendant une longue suite d'années de détritus de toute nature conservés à l'état d'humus dans le sol ; aussi, malgré quatre récoltes consécutives de froment, avons-nous encore trouvé de riches moissons en cinquième et même en sixième année, sans que le sol ait reçu de fumure.

L'exploitation directe de M. de la Loyère comprend 95 hectares, qui se décomposent comme suit :

Terres d'ancienne culture		10^h 29^a 30^c
Défrichements de date récente... 18 50 »	}	36 » »
Défrichements cultivés à moitié fruit .... 17 50 »	}	
Osiers		3 » »
Vignes................................		37 » »
Luzerne .... 6 32 »	}	8 58 60
Prés 2 26 60	}	
Total..................		94^h 87^a 90^c

Jusqu'à ce jour, les 36 hectares de défrichements n'ont porté que des céréales.

Les 10 hectares 1/3 que M. de la Loyère a pris sur les anciennes cultures ne sont soumis à aucun assolement régulier ; selon la quantité d'engrais dont il dispose, il étend plus ou moins ses récoltes sarclées en betteraves, carottes, pommes de terre, fourrages verts ; 50 ares sont depuis six ans plantés en topinambour ; il cultive aussi un peu de trèfle.

Les plantes sarclées occupaient une place relativement restreinte au moment de la visite ; 3 hectares environ avaient été plantés en pommes de terre, betteraves et carottes.

Les pommes de terre servent au besoin du ménage et à l'alimentation des porcs ; les collets verts sont distribués aux chevaux et aux vaches ; les betteraves sont vendues aux fabriques de sucre, à raison de 18 francs les 1,000 kil., elles reviennent en pulpe au prix de 14 fr. ; les topinambours sont consommés au printemps ; le peu de trèfle cultivé semblerait réclamer, pour réussir, un chaulage plus énergique.

La luzerne, située sur les bords du canal, se trouve bien à sa place, dans une terre franche, suffisamment calcaire, les coupes sont précoces, abondantes et répétées ; on se demande pourquoi la surface en est si restreinte ; la luzernière, de récente création, placée auprès des habitations, est de bonne venue.

Les prairies naturelles n'occupent sur le domaine que 2 hectares 26 ares ; situées en contre-bas du canal, elles sont soumises aux infiltrations des eaux et donnent un fourrage de médiocre qualité.

M. de la Loyère a essayé de gazonner un terrain derrière ses écuries ; la préparation en a paru incomplète, et il est permis de douter de sa réussite.

La culture maîtresse de M. de la Loyère, dans sa réserve comme dans ses défrichements, est le blé ; il réussit si bien, qu'on serait disposé, en voyant ces beaux champs de froment, à légitimer la préférence qu'on lui accorde, si on voyait à côté de ces vastes surfaces consacrées aux céréales, des ressources fourragères nécessaires pour entretenir un nombreux bétail, pour convertir en engrais les pailles produites par le sol et que réclame impérieusement l'entretien de sa fécondité.

Malheureusement, il n'en est rien ; les fourrages de toute nature récoltés sur l'exploitation, réunis aux balles de froment, aux marcs de raisins, aux pampres de vignes, ont peine à entretenir une étable de 18 têtes de vaches de moyenne taille, une écurie de 8 chevaux et quelques porcs d'engrais.

Ces animaux sont convenablement installés dans des étables ouvrant dans une cour assez vaste ; sur la même face se trouvent les granges, les fenils, la remise aux instruments, puis la plate-forme à fumier et la fosse à purin. En face de ces constructions modifiées ou neuves, s'élèvent les greniers et l'habitation des gens de service ; des deux autres faces, l'une donne entrée à l'établissement vinaire, sur lequel nous reviendrons ; l'autre est ouverte et conduit à l'abreuvoir, qu'alimente une eau de source amenée à grands frais de plus de 600 mètres de distance.

Ces constructions se complètent par un moulin à grains et une machine à battre, mus l'un et l'autre par une machine à vapeur.

Quoique cette dépendance de l'exploitation soit à une distance assez considérable des maisons d'habitation, il n'en résulte pas trop d'inconvénients, parce que les routes qui y conduisent sont parfaitement entretenues. Du reste, les routes anciennes et celles nouvellement créées pour faciliter le service de cette vaste propriété, laissent peu à désirer.

M. de la Loyère avait le long du canal du centre une bande de terre de 3 hectares qu'une humidité permanente rendait improductive. Le propriétaire en a fait une oseraie ; les plantations remontent de 1 à 4 ans ; elles ont parfaitement réussi et ne peuvent manquer de donner d'excellents résultats.

En résumant les travaux agricoles de M. de la Loyère, on reconnaît que son exploitation est encore dans une période de transformation ; si, en effet, des 95 hectares qu'il cultive on déduit 37 hectares de vignes en création, 36 hectares de défrichements qui n'ont porté que du blé, 3 hectares d'osiers, les cultures qui auraient pu entrer dans un assolement régulier se réduisent à 19 hectares.

L'engrais produit dans les étables et les écuries est ainsi exclusivement employé à fumer cette dernière surface et les jardins du château ; on comprend que, dans ces conditions, M. de la Loyère ne se soit pas soumis à un assolement régulier.

Toutefois, le moment approche où l'on devra entretenir la fécondité, non plus de 19 hectares, mais bien de 95, et pour y arriver on doit au plus tôt apporter des modifications radicales dans le système de culture suivi sur cette importante exploitation.

Jusqu'à ce jour, M. de la Loyère, débordé par ses travaux de plantations et de défrichements, n'a pas tenu une comptabilité régulière; cependant il a pu rendre un compte sommaire de ses opérations, et nous verrons bientôt que les résultats obtenus sont assez satisfaisants; mais, par les mêmes motifs que nous avons indiqués ci-dessus, ces résultats ne représentent pas le produit normal de l'exploitation, car si d'un côté 36 hectares de bois défrichés donnent du blé en abondance pendant 5 ou 6 ans, à peu près sans frais, les vignes augmentent progressivement leur rendement.

Ce ne sera donc que lorsque les différentes parties du domaine seront amenées à donner des récoltes uniformes, et qu'on sera à même d'entretenir la fécondité de la terre pour rendre ces produits permanents, qu'on pourra juger l'importance des résultats obtenus.

Dans le travail qui précède, nous avons essayé de suivre M. de la Loyère dans ses opérations purement agricoles; il nous reste à le signaler à votre attention comme viticulteur.

Nous l'avons dit, le désir d'être utile à ses tenanciers avait inspiré les premières études de M. de la Loyère; le besoin d'utiliser ses loisirs, aidé de ce mouvement de progrès agricole qui a signalé le milieu de notre siècle, en a fait un viticulteur.

La viticulture dans le département de Saône-et-Loire était alors ce qu'elle est encore aujourd'hui : une culture à la main, demandant beaucoup de bras, limitée par conséquent à la quantité de main-d'œuvre dont chaque propriétaire pouvait disposer.

La décision que M. de la Loyère avait prise de créer une vaste exploitation viticole dans une commune où cette culture était peu répandue, présentait bien des difficultés.

Il fallait, nous l'avons dit, trouver des surfaces nouvelles pour ne pas désorganiser les anciennes fermes; il était encore nécessaire de prévoir l'enchérissement de la main-d'œuvre et peut-être l'impossibilité de s'en procurer une suffisante quantité pour préparer le sol, planter la vigne et entretenir les nouvelles plantations; il fallait calculer enfin si cette spéculation, après avoir traversé toutes ces épreuves, ne serait pas onéreuse à son auteur.

Toutes ces objections étaient sérieuses; elles n'avaient pu échapper à M. de la Loyère, qui les entendait répéter chaque jour par ses nombreux amis; seulement il ne doutait pas de les vaincre : aussi, sans plus attendre, se mit-il résolûment à l'œuvre.

Une partie des bois défrichés furent réunis aux terres des fermiers

66

pour remplacer une pièce de 37 hectares, choisie pour être convertie en vignes. Cette vaste surface, d'un seul tènement, légèrement inclinée au sud-est, était on ne peut mieux choisie pour y installer un vignoble.

On était arrivé au commencement de 1859, lorsque M. de la Loyère entreprit les travaux préparatoires.

Huit hectares reconnus humides furent énergiquement drainés et successivement défoncés à la charrue; en même temps on traçait dans de larges proportions, et sur un plan régulier, les routes de service et l'emplacement des maisons destinées à loger les vignerons.

A cette époque, M. de la Loyère avait surmonté bien des difficultés; le sol choisi avait été préparé à recevoir des plantations sans recourir au défoncement à la main, qui rend cette opération si dispendieuse; il fallait maintenant planter et prévoir les conséquences de cette opération, qui exigerait, à une époque rapprochée, un accroissement de main-d'œuvre considérable.

Pour vaincre ces nouvelles difficultés, M. de la Loyère devait arriver à planter, échalasser et entretenir ses nouvelles vignes dans des conditions aussi économiques que celles qui avaient présidé à la préparation du sol.

L'homme préoccupé d'une idée qu'il croit réalisable est sans cesse à la recherche des moyens de vaincre les objections qu'on soulève pour la combattre, et plus cette idée semble une utopie, plus il s'acharne à prouver qu'il est dans le vrai.

C'est sous l'influence de cette préoccupation que M. de la Loyère a imaginé de planter ses vignes à la charrue; d'utiliser le système Collignon pour les échalasser, de leur donner enfin les cultures d'entretien nécessaires pour aérer et nettoyer le sol avec la charrue vigneronne, qu'on n'avait point utilisée avant lui dans le département de Saône-et-Loire.

Ce dernier instrument, que tout le monde connaît aujourd'hui sous le nom de *Messager*, son auteur, ou mieux sous celui de charrue *La Loyère*, qui l'a fait connaître et l'a perfectionné, est d'une grande simplicité : par une heureuse combinaison, il peut se transformer en buttoir et en houe à cheval.

Légère à traîner, facile à diriger avec le concours d'un charretier, d'un cheval et d'un enfant conducteur, la charrue Messager exécute sans peine, avec une rare perfection, le travail de 20 et même 25 hommes, par jour.

La culture de la vigne ainsi simplifiée, il ne pouvait y avoir de doute sur les heureux résultats que M. de la Loyère était en droit d'espérer de l'exécution d'une vaste exploitation viticole; aussi, dès 1860, les plantations furent-elles entreprises sur une grande échelle, et aujourd'hui, après six ans de travail, elles couvrent 37 hectares. Déjà la moitié du vignoble est échalassée; le surplus le sera à mesure que les ceps atteindront leur troisième feuille.

Ces divers travaux avaient été exécutés par les anciens fermiers, des domestiques à gages et quelques ouvriers du pays; mais on ne pouvait compter sur leur concours permanent; il fallait maintenant, pour asseoir cette création sur des bases solides, fixer au sol, à proximité des vignes, une main-d'œuvre suffisante, peu onéreuse et toujours disponible.

M. de la Loyère est arrivé à ces résultats en établissant sur le vignoble même deux importantes constructions où sont convenablement installées dix familles de vignerons.

Chacun d'eux, en échange de son travail qu'il doit tout entier au propriétaire, reçoit annuellement un salaire de 600 à 650 fr., une pièce de vin, quatorze doubles décalitres de froment et un petit jardin de quatre ares. Leur logement est situé au milieu des vignes qu'ils doivent cultiver; chacune des deux maisons destinées à les recevoir renferme cinq habitations uniformément composées d'une cuisine, d'une chambre à coucher, deux chambrettes, une cave et un galetas; ils jouissent en outre d'un toit à porcs et d'un four commun.

Leur principale occupation consiste à cultiver la vigne; cependant, toutes les fois que M. de la Loyère, qui seul dirige les travaux, les appelle sur un autre point du domaine, ils doivent s'y rendre comme de simples domestiques, ou mieux comme des ouvriers qu'on paye et qu'on ne nourrit pas.

Pour les encourager dans leurs travaux et augmenter leur bien-être, M. de la Loyère leur fait cultiver des pommes de terre à moitié fruit; il leur procure ainsi leur provision de ce précieux tubercule. Enfin, pour les rendre plus libres dans leurs travaux et tranquilliser les mères sur le bien-être des jeunes enfants laissés à la maison, une bonne vieille femme est chargée de veiller sur eux; elle les réunit à tour de rôle dans la maison de l'un d'eux, et leur prodigue tous les soins désirables.

On comprend que cette utile institution est due à l'initiative de

Mme de la Loyère; heureuse d'encourager son mari dans les occupations agricoles qu'il s'est données, elle s'est réservé la tâche de continuer dans cette commune, qui porte son nom, les traditions de bienfaisance qui ont de tout temps été l'apanage de la famille de la Loyère.

Nous avons jeté un coup d'œil rapide sur l'ensemble des travaux viticoles de M. de la Loyère; il nous reste à faire connaître les détails pratiques de son système de culture et de vinification.

M. de la Loyère, comme nous l'avons vu, plante ses vignes à la charrue; voici comment il opère :

Le terrain est préalablement défoncé et nivelé.

On choisit pour la plantation le moment où le sol est convenablement égoutté, surtout si on agit dans un terrain argileux.

Le jour fixé, on installe un atelier de plantation, composé d'une bonne charrue, attelée de deux ou trois paires d'animaux, et de 15 manœuvres.

On place, le long de la ligne que l'on doit parcourir, les paquets de sarments préparés, et, aussitôt que le premier sillon s'ouvre, les manœuvres commencent à fonctionner. Les hommes, armés de forts hoyaux, piochent la terre pour lui donner une profondeur convenable et rafraîchir la place que doit occuper le chapon; les femmes, pourvues de crocettes, en coudent l'extrémité sur trois nœuds, et les placent en terre à 0^m25^c de profondeur et à 0^m60^c de distance, en dirigeant la partie coudée perpendiculairement au sillon; à ce moment, l'ouvrier ramène la terre en l'ameublissant autour des plants, et tasse le sol pour maintenir la crocette dans la position qu'on a voulu lui donner, et prévenir tout dérangement ultérieur.

Aussitôt que les sarments sont plantés sur toute la longueur du sillon, on donne trois ou quatre traits de charrue pour distancer la deuxième ligne de 0^m90^c de la première.

Pendant que ce labour s'exécute, les manœuvres opèrent sur un autre sillon ouvert à l'avance; le travail se continue dans ces conditions, et il n'est pas rare, si on peut renouveler les attelages, de garnir un hectare de vignes dans la journée.

Pendant les deux premières années, on se contente d'entretenir la terre dans un état parfait de propreté, en répétant les sarclages à la charrue Messager, toutes les fois qu'on le juge convenable.

Au printemps, dans les mois de mars ou d'avril, on regarnit avec des plants enracinés les ceps qui ont péri; cette opération a surtout de l'importance la première année ; en même temps on nettoie les plantations, puis on choisit la plus forte pousse de l'année que l'on taille sur deux yeux.

Depuis la troisième feuille, on dresse la vigne sur deux cornes taillées à deux et même trois yeux ; les années suivantes, on multiplie ces cornes en proportion de la force végétative du cep.

Dans l'hiver qui précède la troisième pousse, M. de la Loyère installe son échalassement Collignon de la manière suivante :

Des piquets fendus ou en rondins de chêne, de châtaignier ou de bois blanc sulfaté de 1ᵐ 20ᶜ de longueur, sont fixés en terre de dix mètres en dix mètres, le long de la ligne que l'on veut échalasser, en leur laissant 0ᵐ90ᶜ au-dessus du niveau du sol ; les piquets de tête, plus longs que les autres, sont placés obliquement sous un angle de 75 degrés. Quand une ligne est entièrement piquetée, on place en terre une pierre de trois à quatre décimètres cubes, ou un piquet court de bois dur auquel on attache une prolonge bouclée en fil de fer galvanisé d'une grosseur supérieure de quelques numéros à celui employé le long des lignes ; c'est à cette boucle que viennent s'attacher les deux fils de fer galvanisé, nº 11, qui garnissent toute la ligne ; ces fils sont fixés dans une entaille faite au piquet, ou mieux avec une agrafe, le premier à l'extrémité supérieure, le second à 0ᵐ60ᶜ plus bas ; ils sont ainsi espacés de 60 centimètres l'un de l'autre.

Cet échalassement est très-économique ; on peut s'en rendre compte en se rappelant qu'à la distance adoptée par M. de la Loyère, 90 sur 60, il faut placer des échalas à 18,500 pieds, ou établir 1,100 mètres d'échalassements en fil de fer.

Les échalas ordinaires coûtent, mis en place, au moins 50 fr. le mille ou 925 fr. par hectare.

Les piquets employés dans le système Collignon valent au plus 10 fr. le cent ; les fils de fer galvanisés, nº 11, reviennent à 91 fr. les 100 kil., et donnent un développement de 650 mètres ; en ajoutant le prix des agrafes, de la pose, etc., etc., le mètre courant coûtera au plus 0 fr. 35 cent., et les 1,100 mètres 385 francs.

On le voit, le prix de revient de l'échalassement Collignon est de la moitié moins élevé que celui des échalas ordinaires ; il a de plus une durée presque indéfinie, si on a soin de remplacer les piquets qui se cassent et de maintenir les fils toujours tendus, tandis qu'au bout de dix ans les échalas ordinaires ont complétement disparu. Enfin on doit mettre en ligne de compte les facilités qu'il présente quand on veut cultiver la vigne à la charrue.

Depuis le moment où la vigne est échalassée, elle commence à produire ; alors les binages s'alternent avec les labours, et les soins qu'on donne aux ceps sont uniformément maintenus.

M. de la Loyère fait donner à ses vignes une taille sèche vers la fin de l'hiver ; elle consiste à nettoyer les ceps en enlevant les vieux bois, les chicots et tous les sarments qui ne doivent pas être utilisés.

La deuxième taille se fait en mars et avril ; à ce moment on rabat les coursons sur deux ou trois yeux francs.

L'ébourgeonnage, qui consiste à enlever tous les bourgeons qui n'ont pas de fruit et qui ne devraient pas servir de remplaçant lorsqu'ils ont 10 à 15 centimètres, ne se pratique pas très régulièrement à la Loyère, mais il se pratique partiellement, et on en reconnaît l'utilité.

Au commencement de juillet on relève la vigne, on l'attache au fil de fer avec un lien de paille, puis on rogne tout ce qui dépasse l'échalas.

La simultanéité du palissage et du rognage n'est pas conforme aux bons principes de viticulture ; cette seconde opération devrait se pratiquer à la fin de juillet pour éviter le développement trop considérable de faux bourgeons.

Depuis le rognage, le cep est abandonné à lui-même jusqu'à la récolte ; on ne reconnaît pas l'utilité des pincements, ou du moins on ne les pratique pas.

Nous avons dit ailleurs que les labours et les sarclages se pratiquent à la Loyère exclusivement à la charrue Messager. Cette charrue, pour être complète, doit être munie de deux pièces de rechange qui convertissent l'instrument, selon les besoins, en buttoir ou en houe à cheval ; à cet état elle coûte 110 fr.

Pour faire un labour complet dans l'intervalle de deux lignes, il faut successivement butter et débutter.

On butte en ouvrant plus ou moins les deux ailes de l'instrument, avec lequel on trace un sillon ouvert au milieu de la ligne sur laquelle on opère.

On débutte avec la charrue en traçant des sillons successifs qui jettent la terre dans la raie ouverte par le buttoir. Quand ces deux opérations sont terminées, toute la terre a été remuée d'une ligne de ceps à l'autre. La profondeur de ces labours varie de 6 à 12 centimètres.

Un attelage se compose du laboureur, qui tient les cornes de la charrue, d'un cheval conduit par un enfant; ce dernier se tient dans la ligne à gauche de celle qu'on laboure; il maintient son cheval à une distance convenable au moyen d'une règle en bois attachée au mors, avec laquelle il l'éloigne ou le rapproche sans trop se déranger.

A la Loyère, après la récolte, à la fin de l'automne, on pratique successivement un coup de buttoir et de débuttoir.

Vers la fin de l'hiver on donne un coup de buttoir peu profond, puis vers la fin de février on débutte.

On butte et débutte une dernière fois, si le temps le permet, vers le milieu de mai.

Depuis ce moment, on fait de simples sarclages à la houe à cheval, pour aérer le sol et détruire les mauvaises herbes, toutes les fois qu'on le croit utile.

Nous avons vu que le premier plant de vigne avait été mis en terre en avril 1859; cette vigne a donné, en 1861, 15 pièces de 215 litres; en 1862, 72 pièces; en 1863, 284 pièces; en 1864, 490 pièces, et en 1865, 703 pièces.

La plus grande partie des vignes de M. de la Loyère, 27 hectares sur 37, sont plantées d'un gamais commun très productif, appelé Arcénant; le surplus comprend 5 hectares d'Auxerrois Cot-Rouge, 1 hectare de Corbeau, qui donnent l'un et l'autre un vin abondant, coloré et commun; enfin il a cru utile d'introduire dans cet ensemble 4 hectares de raisins blancs, plus fins et plus alcooliques.

M. de la Loyère, comme on le voit par le choix de ces cépages, a surtout en vue une abondante production, et la qualité de ses vins ne s'élève pas au-dessus d'un vin commun de ménage.

Les vendanges ont lieu à la Loyère du 1er au 15 octobre; les raisins, recueillis dans des paniers, sont versés dans des bennes assez grandes pour contenir la vendange de cinq pièces; lorsqu'elles sont remplies, le chariot qui les porte les conduit sous le porche de l'établissement vinaire; la benne, enlevée par un truc, est placée sur un wagon et conduite par un chemin de fer en face d'un foudre de grande dimension.

Dans le système de vinification adopté à la Loyère, les foudres servent successivement de cuve et de tonneau. Le raisin passe de la benne dans un vase en bois; quand il est rempli, on fait mouvoir un levier qui le verse dans un cylindre concasseur placé sur la bonde du foudre; on imprime un mouvement de rotation au cylindre et la vendange arrive, sa graine concassée, dans son récipient.

Lorsque la cuvaison tumultueuse est achevée, que la fermentation cesse et que le marc descend, on tire le clair dans une pompe ; de là, il est projeté dans la pièce où il doit séjourner, puis le marc est pressuré et le vin de la pressée va se mêler à celui extrait de la cuve.

Ces vins sont levés de dessus la lie en février ; on leur donne un second soutirage en les livrant aux acheteurs de juin à septembre ; leur prix moyen est de 45 à 50 francs la pièce vendue nue.

L'établissement vinaire de M. de la Loyère est formé d'un mobilier de choix : ses pressoirs sont d'un nouveau modèle qui permet de renouveler rapidement la pressée ; la foudrerie est vaste, elle contient des pièces de grandes dimensions parfaitement entretenues (110 à 120 hectolitres).

M. de la Loyère, nous l'avons dit, n'a pu jusqu'en 1865 s'astreindre à tenir une comptabilité régulière ; malgré cette lacune qui a disparu dès lors, il a fourni à la Commission un compte sommaire des résultats qu'il a obtenus.

Il résulte de la première partie de ce compte que le domaine de la Loyère, qui donnait en 1846 un revenu net de 16,000 fr., rendrait, au prix des baux actuels, sans avoir besoin de faire de la culture directe et par le seul fait des améliorations opérées dès lors, une somme de 24,106 francs, soit 8,106 francs de plus qu'alors.

La seconde partie du compte établit le capital engagé dans l'exploitation directe de M. de la Loyère.

Ce capital se compose des dépenses en drainage, plantations de vignes, créations de chemins, conduits de fontaine, constructions, achats d'instruments, d'animaux d'agriculture, du mobilier vinaire, enfin des fermages accumulés et de leurs intérêts ; il s'élève, toute déduction faite, à 66,728 francs.

La troisième partie donne un aperçu en chiffres ronds des produits et des dépenses des terres que fait valoir directement M. de la Loyère.

Les produits s'élèvent en 1864 à .... 34,402 »

Les frais, compris l'intérêt et l'amortissement du capital engagé, à .... 26,147 »

Le bénéfice net, réalisé par M. de la Loyère dans son exploitation, serait ainsi de .... 8,255 »

Ces résultats sont satisfaisants ; ils le seraient bien davantage si on tenait compte de la plus-value donnée à la propriété, et cependant M. de la Loyère est dans la période de création ; encore quelques années, et cette importante exploitation viticole présentera un bel exemple de ce que peut le capital et le travail appliqués avec intelligence pour transformer une terre, augmenter ses revenus et produire à bon marché une matière de première nécessité.

Ces faits remarquables à plus d'un titre ont attiré d'une manière toute particulière l'attention de la Commission; il était de son devoir de signaler à la France viticole d'aussi importants travaux.

En décernant la prime d'honneur régionale à M. le vicomte Armand de la Loyère, le Jury est heureux de couronner la vigne, culture maîtresse du département de Saône-et-Loire, de récompenser des travaux pratiques bien liés, bien suivis, qui peuvent servir d'exemple aux viticulteurs de tous les pays.

Notre tâche est terminée; elle a été longue et laborieuse en présence de tant de concurrents du plus grand mérite; nous ne nous en plaignons pas; dans la culture si variée de Saône-et-Loire, chacun de nous avait beaucoup à voir, beaucoup à apprendre.

Sur tous les points du département, la Commission a rencontré un bienveillant accueil. Je suis son interprète en exprimant sa vive gratitude pour cette bienvenue sympathique.

Il ne nous reste plus qu'un désir, un vœu à émettre, c'est que le consciencieux verdict du Jury reçoive une approbation unanime.

Le Rapporteur de la Commission,

P. TOCHON.

RÉCOMPENSES

DÉCERNÉES

AUX CONCURRENTS A LA PRIME D'HONNEUR RÉGIONALE

DU DÉPARTEMENT DE SAONE-ET-LOIRE

Médaille d'argent.

A M. DUVERNE Philibert, fermier à Montmort, pour ses assainissements.

Médaille d'argent grand module.

A M. JANIN, fermier à Varanges, commune de Cortembert, pour la bonne tenue de son intérieur de ferme.

Médaille d'or.

A M. FEBVRE, propriétaire-agriculteur à Tenelly, pour ses boisements de terrains improductifs ;

A M. TAPERIN, propriétaire-agriculteur au château de Vinzelles, pour ses nouvelles plantations de vigne ;

A M. GOYARD Charles, propriétaire-agriculteur à la Guiche, pour ses créations de prairies naturelles ;

A M. ADENOT, propriétaire-agriculteur et fermier à Saint-Huruges, pour sa supériorité dans le choix, l'élève et l'engraissement du bétail.

Médaille d'or grand module

A M. VACHIA, propriétaire-agriculteur à Varenne-Reuillon, pour sa mise en culture de terrains improductifs ;

A M. PETIOT Abel, propriétaire-agriculteur aux Grands-Lourdons, pour son élevage et sa comptabilité ;

A M. le comte d'ESTERNO, propriétaire à la Selle, pour ses belles créations de prairies, l'aménagement des eaux et ses irrigations ;

A M. DESVIGNES Philibert, propriétaire-agriculteur à la Chapelle-du-Guinchay, pour la bonne tenue de son domaine de la Bâtie, son troupeau de reproducteurs et les dispositions nouvelles de ses étables.

Prime d'honneur régionale.

A M. le vicomte Armand de la LOYÈRE, propriétaire-agriculteur à la Loyère.

TABLE DES MATIÈRES

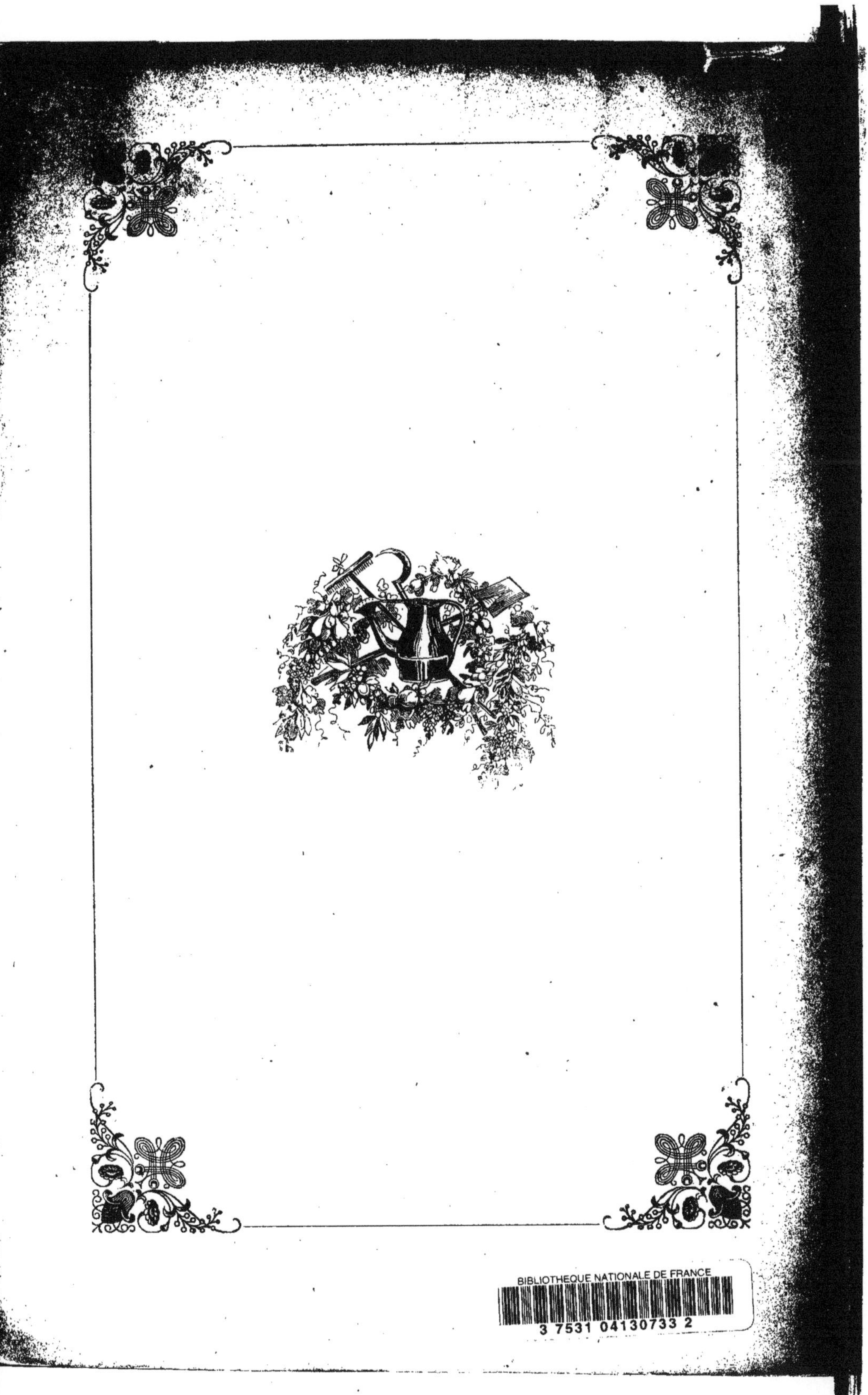